ART
创意训练营

黏土艺术
PAPER CLAY
工作坊

[美] 洛金恩·玛纳斯　著　　王翠萍等　译

上海人民美术出版社

目录

第一部分 使用黏土　14

通过动手演练简单的作品，了解黏土制作的相关知识。把黏土放在迷你板上，在上面练习塑形、印迹和雕刻。同时学习制作贴花和定做模具，以便为综合材料（mixed-media）的作品增加元素。

第二部分 黏土作品　44

使用在第一部分学到的技能，创造五幅精美的全尺寸黏土作品。每幅作品都比前一幅更复杂且具有挑战性。你可以在这个过程中提高雕刻水平和处理细节的技巧。

 第三部分
收尾技巧　　　　　　　　78

现在你已经创作了五个精美的干黏土作品，是时候通过上色完成最后的润饰工作啦。学习用媒材密封黏土作品，运用各种丙烯绘画技巧增色，添加拼贴材料以达到综合材料作品的效果。

 第四部分
创意作品　　　　　　　　124

挖掘创造力并开始实践。在这部分，你会有很多奇思妙想。使用综合材料技术和其他有趣的方法，创作二维或三维的纸黏土作品。你也会学到一些与此相关的框架思路，这并不需要花费太多钱即可实现。

作为综合材料艺术家，我总是尝试运用各种材料、工具以及技巧。我始终在寻找有趣而兼容的艺术创作形式。十几年前，一位同行用纸黏土制作玩偶，让我认识了纸黏土。从那之后，我开始将空气硬化（air-hardening）纸黏土运用到绘画中。我对纸黏土一见钟情，并认定它将成为我最终的综合材料。因为它既能展现细节，亦可附着于画板和画布上，还可以与其他材料一起使用。我非常享受黏土创作，很快就爱不释手了。

根据大众的需求，我开始了教学工作。人们只要看到我的作品，就想了解它的制作过程。学生们很快就发现纸黏土操作简单，易于掌握。多年之后，我写了这本书，希望可以详细分享我在纸黏土浮雕创作方面的发现。书中作品在二维作品的基础上加入了雕刻元素，使之从画板上凸显出来。

此书适合初学者，也适合善于实验的艺术家以及试图寻找新的创意表达方式的成名艺术家。或许你已经尝试过很多不同的艺术创作方法，却收获甚微；或许你刚开始接触艺术，还不知从何下手，那么这本书可能会对你有所帮助。

纸黏土也许是我用过的功能最全的媒材。它需要先雕刻，然后再进行绘画，所以它满足了我在一个作品上进行多种媒材创作的愿望。这个过程从始至终都充满乐趣，而且最终的结果也令人满意。它赋予我一种全新的表达方式，但在之前的工作中，我却没有这种感受。纸黏土为创作增加了维度，这也是我钟爱它的原因，它使我的想法形质兼备。

本书分为四部分：使用黏土、黏土作品、收尾技巧和创意作品。第一部分中，学习所有关于黏土浮雕创作的知识，并且进行多个小型的作品演练。第二部分是五个黏土作品创作过程的完整展示。最后，完成所有作品。学习运用颜料和丙烯绘画以及运用媒材和拼贴材料的相关知识。此外，你会发现非常棒的纸黏土的作品想法和灵感，还包括绘画和拼贴技巧以及框架技巧。

整个使用纸黏土和最终完成作品的过程，发人深省又妙趣横生。你会发现一个全新自由的艺术创作形式，因为这个过程非常灵活宽容。任何东西都可以更改、重新加工、修补、添加、移除、补救和重画。所以，你需要放轻松并且从中发现乐趣，让创新精神指引你走出一条自己的新路！

全职爸爸
画布上的纸黏土和混合媒材
12英寸×9英寸
（30厘米×23厘米）

eller catches onto a thing lik
after while. "If it had n
ave fooled with tha
heres with it. I d
anyway, until
Surely that
ess; commonsense
; pointed chin;
hair; excitable
"The coroner
Caldwell. "I gu
Gubb. "Tactfulness is strong
the Rising Sun Deteckati
hool of Deteckating—"
"Slocum, Ohio?" asked Mr.
the ad. in the 'Hearthstone
"Yes, Slocum, Ohio," said
per I saw the ad. into; 'Big

黏土创作工具

创意纸黏土

　　黏土创作中，我选用的是"创意纸黏土"（Creative Paperclay）这一品牌的产品。它是空气硬化的造型材料，不需要焙烧或烘焙，从包装中取出即可使用。这种材料纯净，无味无毒，干燥后体积收缩很小，上漆的时候也非常稳定。它的另一个优势在于，沾水后无需胶水，就几乎可以粘在所有东西上。这使其成为浮雕作品的理想材料。你可以购买 4 盎司（约 113 克）、8 盎司（约 227 克）和 16 盎司（约 454 克）包装的黏土。这本书中大多数分步制作的作品需要 2 至 4 盎司（约 57 至 113 克）。"创意纸黏土"在大多数工艺品和艺术品店都可以买到，也可以在网上购买。

其他品牌的气硬化黏土

　　虽然我在创作过程中最熟悉也最常用的是"创意纸黏土"，但也有其他类似产品可以选择，例如"博得石塑黏土"（La Doll modeling clay）、"博得极轻石黏土"（La Doll Premier Light Weight Stone Clay）、"软陶气基层"（Fimo Air Basc）。想要进一步了解这些产品，请参看本书第 140 页。

木质雕刻工具

　　虽然黏土建模工具种类繁多，但我最常用的是一种简单的木雕工具。木质工具相比塑料工具更容易滑过黏土，使其呈现出更自然的感觉。此外，木质工具根据创作需要，可以被切割、磨小、磨尖或磨滑。对于在平面雕刻的浮雕作品来说，工具尖端的角度是非常重要的。如果要买的话，我更愿意选择由"肯博工具"（Kemper Tools）制造的 JA 22 和 JA 24 木质工具。它们的价钱相对便宜，可以买上两三个，还可以根据自己的需要进行修改。它们都是手工制成的，所以形状上可以稍作修改。用细粒砂纸把它们打磨光滑，把角的边缘磨锋利。关于如何打磨和定制工具，请参看本书第 29 页。

其他的建模工具

　　塑料、橡胶、硅树脂黏土也是很好的建模工具，它们易于造型，可以表现出细节，清理起来也容易。市场上还有几款人工合成材料制成的建模工具，有硬的也有柔软又有弹性的。它们可以塑造出各种效果，通常比木质工具要昂贵。艺术品和工艺品店通常出售橡胶或硅树脂制成的黏土塑形工具，它们是浮雕创作的不二之选。对于细节处理以及边缘和背景的清理，我则使用"艺术优势"（Art Advantage）生产的"清除工具"（Wipe Out Tool），它是硬橡胶头的工具。

定制的黏土建模工具

　　数年前，我在一家艺术品店买到了极好的硬木制黏土建模工具，但它已经不再生产了。后来，我请了木匠进行复制，现在我的网站上就有销售。如想了解更多详情或者购买，请浏览 www.rogenemanas.com

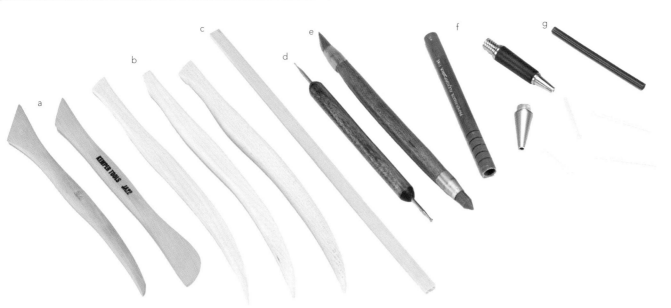

压印工具

为了呈现细节、纹路和印痕，我用过各种商业产品和家居用品。我有一个百宝箱，里面装着我从工作室、厨房、院子里收集来的东西。其中有用于制作扇形或羽毛的吸管，也有用来制作鸟眼和小珠饰的极小的画笔盖和圆珠笔零件，甚至还有制作岩石纹理的牙刷。还有一款强烈推荐的工具是"肯博工具"的双球浮雕雕刻刀，可以用在干黏土上制作点和浮雕图案。

图案压印工具

可以使用各式各样的物品压印黏土上的装饰图案。橡胶和金属材质的字母印章是很好的文字添加工具。带有简单装饰图案的橡胶材质印章标也很好用。泡沫印章可以用在大幅作品上。陶制黏土商品店出售很多黏土印章。有时我用"速球"(Speedball Linoleum Cutter) 牌油毡刀具、工艺雕刻的刀片和雕刻块，自己雕刻印章。也可以用一些类似于珠宝首饰、纽扣和小装饰品的物件压印图案或制作模具。

黏土雕塑与压印工具

市场上有很多黏土建模工具，但我只选一些价钱便宜或家用的。

a 木质建模工具
b 定制的木质建模工具
c 筷子
d 双球浮雕雕刻刀
e 硅胶清理工具
f 圆珠笔零件
g 咖啡吸管

塑料纸或蜡纸

塑料薄膜和蜡纸是防止黏土溢出时被粘住的必要工具。我喜欢把透明的塑料袋或储物袋剪开。什么样的塑料袋都能用，最好是干净的，这样能随时看到黏土的情况。塑料越厚，黏土流动中产生的褶皱就越少。蜡纸的效果也不错，但不能重复使用。我使用的塑料纸张尺寸大约为 12 英寸 ×24 英寸（30 厘米 ×61 厘米）。请参看本书第 11 页的工具包，里面详细列出了黏土创作的基本工具。

擀面杖与硅胶环

擀面杖能让整块黏土的厚度相同。硅胶环能够滑动到特定的点上，还可以均分作品。

收尾工具

丙烯酸

丙烯酸是丙烯颜料的主要成分。这种透明材料与颜料混合后增加了颜料的流动性和透明度，还能作为保护层和罩光漆。对于重量不同的拼贴画纸来说，它也能充当胶水。我常用两种丙烯酸，一种是质地光滑的，一种是有磨砂效果的。在收尾工作中，用高质量的材料极为重要。"学生级别"的材料往往达不到想要的效果，因为它们的聚酯纤维含量较低。

质地光滑的材料

质地光滑的材料能在黏土和丙烯酸之间创造出持久的隔离屏障，这对除漆的过程非常重要。它是最透明的媒材类型，不仅不会影响成品的效果，反而会让颜色更深沉、更鲜亮。

质地粗糙的材料

质地粗糙的材料可以用作成品涂层。它在干燥后呈现出低光泽的磨砂外观。此媒材中所含的聚酯纤维可以削弱光泽度。最适用于质地轻薄的涂层，不仅能填补作品中不经意留下的角落，还能呈现出朦胧的效果。

石膏粉

石膏粉是一种丙烯酸化合物，附着在黏土纸上，起到密封作用，这样可以为下一步着色做准备，还能防水防潮。我常用的是白石膏粉，当然彩色石膏粉也可以用。挑选石膏粉时，先摇晃瓶子，选择可以晃动的石膏粉。因为如果它太厚了，还得把它变薄，否则会影响黏度。

白胶

我只用普通的白胶，比如用"埃尔默"（Elmer's）胶水黏结或修复黏土块。"埃尔默"学校用胶对于黏结拼贴画非常好用，因为它是水溶性的。因此，如果我对某一部分不满意，可以把它沾湿去掉；另外，即使胶水干了，不用刷子也能去掉。如果我对已经完成的拼贴作品满意，就在上面涂上一层透明的哑光丙烯酸媒材，把它密封起来，永久保存。

丙烯颜料

增加黏土作品的深度和颜色，我喜欢用专业、有品质的管状包装的丙烯颜料，它要比瓶装的更厚重。你可以用水或丙烯酸媒介剂稀释管状包装的颜料。有许多优质品牌提供色彩丰富的颜料。我主要用的丙烯颜料是由"格雷厄姆"(M.Graha m&Co) 公司生产的，它的价格合理、质量有保证、色彩丰富。学生级别或初学者使用的颜料色样少，不能呈现出作品的最佳效果。总之，要买你能买得起的最好的颜料。

可以只从几个基本的丙烯颜料中得到很多不同的颜色。丙烯的颜色有不透明、半透明和透明的，通常在颜料管上的某处会有标记，这三种在创作中都会用到。如果还没有丙烯颜料，请参照本书第 10 页的颜料列表，其中提到了几种重要颜色。

调色板

用一小块玻璃片作为丙烯颜料的调色板，因为它使用方便，容易清洗。先用喷壶润湿干的颜料，然后用油灰刀或刮漆刀进行清理。把干的颜料碎片扔到垃圾箱，以免堵塞下水管道。用细条胶带把锋利的玻璃边缘封住。

外用酒精

我用外用酒精从黏土作品中去除干漆。酒精或异丙醇是可以与丙烯颜料同时使用的最安全溶剂。选择溶解度 70% 的酒精，不但可以除掉干漆，产生的气体含量也极小。

防护手套

使用外用酒精和涂料进行工作时，保护好双手是很重要的。任何家用橡胶手套或乳胶手套均可使用，但一定要戴着舒服。

刷子

丙烯画对刷子的要求很苛刻，它们要不断放到水里，若清洁不当，还很容易损毁。选择一些专门为丙烯画设计的刷子，每次用完，用肥皂或刷子清洗剂清洗。由于这幅作品的规模不大，所以选用的刷子也不大。以下四种刷子是我在这本书中用到的：

1）宽头、柔软的刷子适合整体上涂刷石膏和颜料。刷子不用太贵，柔软不掉毛即可。如果有用旧的水彩刷也可以。

2）中等尺寸的刷子适用于普通绘画，比如 2 号、4 号或 6 号榛木杆刷、板刷和亮毛刷。我特别喜欢"鉴赏家"纯合成（Connoisseur Pure Synthetic）刷子，它们耐用、柔软、不变形。我把它们称为"主力刷"，因为画什么都会用到。

3）小刷子适用于细活，例如 2 号或 3 号合成圆头刷，或者 00 号、000 号的暗色混合圆头刷。花钱买一个质量好的圆峰细节刷是很值的。不要一直把刷子放在水中，不然会变弯，无法恢复。

4）硬鬃毛刷子，例如 4 号榛木杆刷、板刷和亮毛刷，适用于软化硬边，添加柔和的阴影以及混合颜色。

收尾工作的刷子

下面的刷子是我用到的：

a 00 号暗色混合圆头刷（处理细节）
b 2 号弯丝尼龙圆头刷（处理细节）
c 2 号猪鬃硬毛刷
d 2 号合成榛木杆刷
e 4 号合成板刷
f 6 号合成板刷
g 4 号猪鬃硬毛刷
h 1 英寸（25 毫米）软毛漆刷
i 1 英寸（25 毫米）猪鬃制漆刷
j 1 英寸（25 毫米）尼龙制方头漆刷

我的丙烯颜料

这些是我在本书中用到的所有颜色，以及一些其他更复杂的作品中可能会用到的颜色。我所有的颜料都选自"格雷厄姆"，除了金属色的颜料是"高登"（Golden）品牌的。

	通用颜色	颜料名称	透明度
书中用到的颜色	白色	钛白	不透明
	黑色	象牙黑	不透明
	冷蓝色	酞菁蓝	透明
	冷红色	喹吖酮玫红	透明
	暖红色	镉红	不透明
	冷黄色	偶氮黄	半透明
	暖黄色	镉黄	不透明
	棕色	烧土棕	半透明
	绿色	"胡克"绿	透明
	金属色	"黄金"闪金	半透明
	古铜色	透明氧化铁黄	透明
额外的颜色	暖蓝色	群青	透明
	紫色	深紫	透明
	橙色	镉橙	不透明
	天蓝色	天蓝	不透明

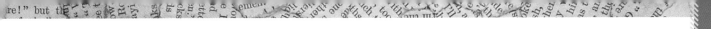

黏土作品工具包

创意纸黏土

黏土建模工具

揉动黏土的滚针

塑料薄膜或蜡纸

装有 11 号刀片的工艺刀，用于切割黏土

小块毛巾，用于保持工具、手以及工作区域的清洁

黏附黏土并保持黏土湿润的水容器

滑石粉或玉米淀粉，防止黏土粘到印章或模具上

设计工具包

设计和绘图用到的铅笔、橡皮

把图案临摹到黏土上用的圆珠笔

永久性马克笔，细头或中细，以便给图案上墨

耐用性好的描图纸（约 10 磅），用于构图

蜡纸，永久性马克笔在上面的绘图效果不错

碳粉复写纸，适用于把设计图案转移到基材上

遮蔽胶带

收尾工作工具包

石膏

丙烯酸（质地光滑和质地粗糙两种）

丙烯颜料：钛白、象牙黑、酞菁蓝、喹吖酮玫红、氧化黄、
    氧化铁黄、红棕色、"胡克"绿、金属金

刷子

外用酒精

防护手套

纸巾

装水、媒材和酒精的容器

调色板

吹风机

额外的工具包

打磨干黏土、工具、面板以及边缘的细质砂纸

保持黏土湿润的喷水瓶

塑料袋（大、小两种），用于储存黏土和黏土作品

制作模板的各种卡片和垫纸板

用于修剪和切割的剪刀

一般切割专用的切割垫或垫板

测量、切割和保持物体水平的金属尺

● 基本工具包

工具选择上我坚持简单、性价比高的原则。买高质量产品并尽可能一物多用。我宁愿用少而精的工具，也不愿意工作室里堆满劣质工具。我不喜欢复杂的过程，混乱又难闻，有时还需要大量设备。我喜欢简洁、轻松、操作性强的作品。我发明了自己创作艺术的方式，而且下面材料列表中的很多物品也许你已经有了。

下面列出的工具是在本书中会用到的，之后你会看到用它们做出的作品。我已经把它们列入工具包了。你可以把它们归拢到一起，方便在作品演练和演示中使用。参看本书第 140 页关于购置工具的具体事项。

表面与基底

纸黏土几乎能粘住任何东西，包括木材、帆布、塑料、金属、玻璃等。把纸黏土用到平面上，创作浮雕图案，为原本扁平的表面创造出有维度的视觉效果。纸黏土干燥后，就能够使轻量的面板变弯曲。所以，使用厚材质的基板或插接板极为重要。

插接式木板

插接板是一种镶嵌了木质框架的扁平木板，非常坚硬，不易弯曲，更意想不到的是还质地轻盈。未加工的原木质表面几乎适用于任何艺术媒材，包括油画、丙烯、蜡画、混合媒材的拼贴。插接板在市面上随处可见，但要找表面光滑、没有瑕疵的，比如没有硬的结块或没有破损。我喜欢用插接板，因为可以用颜料给木板边缘上色，也能省去成品框架的费用。

硬质纤维板

硬质纤维板是由压缩的木材纤维制成的，建筑供应公司的数据单上有 4 英寸 ×8 英寸（10 厘米 ×21 厘米）以内厚度为 $1/8$ 英寸到 $1/2$ 英寸（3 毫米至 13 毫米）的纤维板。这些公司有时会提供切割服务，所以可以花很少的钱从大块纤维板上得到适合自己需要尺寸的纤维板。5 英寸 ×7 英寸（13 厘米 ×18 厘米）、$1/8$ 英寸（3 毫米）厚的面板就很不错，但任何更大尺寸的面板都应该在厚材质板上进行切割，以免折损。较大的面板，例如 24 英寸 ×36 英寸（61 厘米 ×91 厘米），就需要 $1/2$ 英寸（13 毫米）的材料，避免折损。艺术材料制造商会生产大众所需尺寸的硬质纤维绘画板。如果我打算给成品做框架，会选用硬质纤维板。

油画布框

我喜欢在硬的木质表面或硬质纤维板上工作。我还喜欢用油画布框，因为它的表面有纹理。干黏土略带灵活性，所以用在油画布上效果很好。你可以找到多种尺寸和不同厚度的性价比高的油画布框，它们都是用石膏粉预先处理过的。和硬质纤维板一样，你可以在边缘上漆，如果选用包边的油画布（各边没有上钉），要避免装帧成品。油画布通常轻量耐用，这有助于船运或陆运艺术品。

胶合板或 MDO

胶合板或 MDO（光滑树脂表面的胶合板）是一种适合做更大尺寸画面的不错基材。买一大块材料并切成你中意的尺寸，相比在艺术用品商店买到同样尺寸的面板会少花很多钱。建筑供应商有时会提供廉价的切割服务，但要自己打磨边缘。

迷你板

在本书的练习作品中，我用在工艺品店中购买的木质板和牌子，还会用到在大板上切下来的小垫板。所有尺寸都是 $2\frac{1}{2}$ 英寸 ×3 英寸（6 厘米 ×8 厘米）。如果尺寸再大一些，材料就会折损。木质材料会稳定些，相比于垫板来说不太可能折损，但两者都适用于小型作品的练习。如果一块垫板会弯，就用白色工艺乳胶在它的背面粘一块纸，各边对齐，直到晾干为止，这有助于抚平垫板。关于迷你板的更多相关知识，请参看第 16 页。

改变基板用途

我把纸黏土用到各种表面上，并且取得了巨大成功。正如前面提到的，它几乎能粘住任何东西，其中包括木材、塑料、陶瓷、玻璃以及金属。运用智慧并进行实验，就能把一个普通的物品变成艺术品。测试粘有黏土的表面，等到黏土风干，用细砂纸打磨粗糙的表面有助于表面渗透水分。如果黏土黏附得好，效果应该不错。我喜欢在旧货店寻找木质的东西，比如托盘、碗、盒子等，再把它们改成礼物。

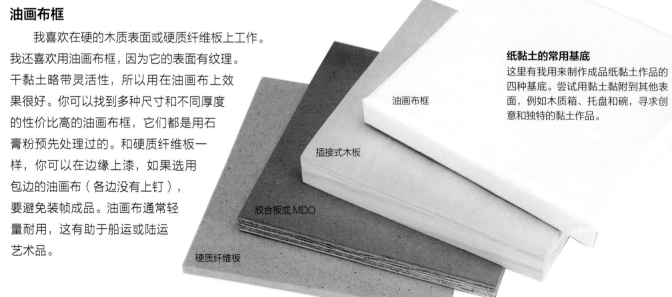

纸黏土的常用基底
这里有我用来制作成品纸黏土作品的四种基底。尝试用黏土黏附到其他表面，例如木质箱、托盘和碗，寻求创意和独特的黏土作品。

油画布框
插接式木板
胶合板或 MDO
硬质纤维板

五花八门的拼贴纸
装饰纤维纸、薄页纸和书页都很适合给黏土作品添加拼贴细节。

拼贴纸

本书第 118 页中的作品需要一些不同颜色和不同图案的纸张用于拼贴。我最喜欢用在拼贴上的纸张包括"lokta"的天然纤维纸、纯色棉布以及有装饰的棉布。这些纸张始终不会掉色，可以在艺术品供应店买到。

用在剪贴簿上的封面纸，对于做拼贴来说，并不是合适的选择，因为它太厚了，夹层还是白的，这样最终会留下很多不想要的白边。在亚洲的庆典活动上用到的闪亮的金色和银色箔纸可以在亚洲市场上买到，它们很薄，纸面上的金属箔很容易撕开，能为拼贴作品增添奇妙的亮点。

在本书第 133 页，我用从 20 种颜色的彩虹包中选出的彩纸展示拼贴纸技术。如果选择的纸张会褪色，那么最好给最终的艺术作品喷上丙烯酸保护漆，这会防止作品受到紫外线的破坏以及防止褪色。"Krylon"品牌有几种类型的面漆可供选择，在艺术品供应店和网上都能买到。

石膏粉的重要性

所有黏土工作中必不可少的一步是给每个面板或油画布的表面盖上石膏粉。如果面板是木质的，第一步就要用细砂纸打磨。要想得到极光滑的表面，就要在第二次涂抹之前先涂一层石膏粉，并打磨光滑。这一切都取决于表面的光滑程度。用石膏粉预处理的基底不需要涂抹，随时都能使用。

高尾巴
木质画板上的纸黏土与丙烯酸
14 英寸 ×18 英寸
（36 厘米 ×46 厘米）

使用黏土

本书的第一部分会教你所有技巧和窍门，这些都是我在用纸黏土创作浮雕艺术品的过程中学到和发现的。你会发现几个练习作品都是刚开始运用简单的技巧，到后面越来越有挑战性。如果你在第一部分中从头学到尾，就会学到所有关于第二部分中五个黏土作品的必备技能。在第三部分中，会讨论到各种技巧，如何用颜料、拼贴和综合材料完成黏土作品。

开始用创意纸黏土

多年来，创意纸黏土一直用于雕刻娃娃、小雕塑以及其他三维立体作品。它几乎能够黏附到任何衔接框架上，容易加工，还能制作出精致的细节。因此，它受到了雕塑家和娃娃制造商的青睐。

这种多功能黏土在包装打开后便可使用，同时也能在温和的气候下保持4至6小时的湿润且仍有可塑性。如果创意纸黏土在作品完成前就开始变干，可以用手指蘸一滴水润湿或用喷雾瓶喷湿。

创意纸黏土是水溶性的，第一次打开包装，你会发现它非常湿润。处于这一阶段时，在纸黏土开始风干或变硬前，最好先塑造出一个基本形状，留下后面的细节工作。初次尝试的人通常用不惯潮湿的黏土，可能会觉得这样的黏土太软，不容易塑形。但请相信，随着它慢慢变干，使用起来会越来越方便。

纸黏土不用胶水也能轻松黏附在木材、画布以及大多数物体的表面。只需要用水简单涂抹物体表面，并把黏土按压在上面即可。等到它干了，就会像软木一样，可以用砂纸打磨雕刻。它不仅轻便而且相当耐用。

当纸黏土黏附到光滑表面，就可以雕刻成浅浮雕或浮雕，给二维作品增添新的维度。最终的雕刻作品会呈现出木雕的效果，这会让人们思考它是如何制作出来的。

整本书中，提到的纸黏土或黏土，指的都是"创意纸黏土"这个品牌。书中第140页列出了可替换使用的黏土材料，可能它们的使用方法一样，但我没有在每个实例中验证过。

关于作品演练

正所谓熟能生巧，所以用纸黏土创作需要做些练习。在着手实践第二部分中的每个步骤之前，熟练掌握这部分的技巧是必不可少的。这些作品演练要在涂满石膏粉的迷你板上操作，如果你尝试了每种不同的技巧，最终会制作出几个小的黏土艺术作品，你可以运用第三部分中展示的绘画技巧进行练习。即使演示了使用这些技巧的几种方法，我还是希望你能尝试自己的想法并应用到实践中。

收集材料

对于这一部分的作品演练，会用到第11页提到的黏土作品工具包、一些制作迷你板的石膏粉和制作卡片的纸料完成模板的建构。

迷你板

要准备至少带有两层石膏粉的迷你板，给黏土作品构建稳固的基层。虽然纸黏土几乎可以黏附在任何表面上，用石膏粉密封的基板能提供一个稳固多孔的基底，使黏土的黏附效果更好。关于了解在哪里能买到迷你板，请参看本书第140页中的资源部分。

滚动

　　对于本书中的所有作品，首先都要展开一块纸黏土。从包装中刚取出的纸黏土是湿黏黏的，在使用过程中，会变干，也会更结实，更易于操作。

　　打开一包新的黏土时，要小心地剪掉袋子的顶部。原包装能最长时间地保持剩余黏土的湿度。用胶带密封包装袋，以防剩余黏土变干。这种做法也能使原包装置于另一个密封塑料袋内，增强安全性。

1 将一块塑料薄膜或蜡纸放在操作台上，一端悬垂于桌子边缘。为防止纸张打滑，在底部放置纸张之前，先用水润湿操作台表面，也可以用胶带封住纸张。取出高尔夫球大小的纸黏土。

2 将黏土球压成薄饼状。

3 为防止黏土粘在桌子或擀面杖上，要经常在塑料薄膜与蜡纸之间来回碾压黏土。把塑料固定在桌子边缘处，向远离你的方向轻轻碾压黏土。根据需要碾压黏土，使其厚度均匀。转动黏土或转动纸张，缓缓转动出约 $1/16$ 英寸至 $1/8$ 英寸（2 毫米至 3 毫米）的厚度。

4 只要黏土厚度适宜，就把黏土轻轻拿下来，放回到塑料干净的区域以备切割。要经常擦拭纸张以备日后使用。如果不把留在塑料上的干黏土粒清理掉，工作区域就会一团糟。有时黏土很湿或按压力度过大，就会牢牢粘在纸上。如果真的发生了这种情况，就刮掉它，擦拭纸张，然后重新碾过。

切割

由于纸黏土几乎能黏附到任何表面上，所以也会黏附在切割工具上。选择一把锋利且干净的工艺刀具，用"快速停顿"切割法，而不是平稳地一刀下去。如果需要，就把刀片浸入水中，便于快速划开黏土。对于这种工作来说，厨房用刀或盒式刀具之类的工艺刀太钝，用起来不是很方便。注意不要过于用力摁压，不然可能会割破纸张。

5 用锋利且干净的工艺刀，把黏土切割成一个心形、一个圆形和一条对角线约为 2 英寸（5 厘米）的方形，注意切割是有角度且略微粗糙的。如果喜欢，可以使用模板，比如心形纸剪影或圆柱状罐子盖，也可以任意切割。剥离多余的黏土，留下三个图形：心形、方形和圆形。塑造黏土时，把多余的黏土残渣用塑料薄膜覆盖，擦拭工艺刀片，以保证建模中的黏土干净。

摆放

　　或许我被问到最多的问题就是："你是如何把黏土粘在板上的？"实际上，纸黏土能轻易黏附在湿润的表面，所以，在把黏土放到面板上之前，需要先用水润湿基材表面。如果黏土粘附性不够好，很可能是没用足够的水把面板表面润湿或施压的力度不到位。如果放上黏土后，下面有气泡出现，就用工艺刀片或大头针把气泡挑破，然后施加压力，再用黏土工具或手指抚平表面。

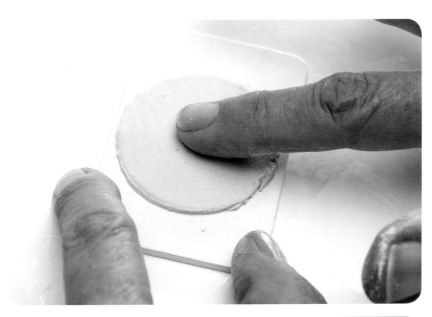

6 沾湿手指，把水涂抹于准备放置黏土的迷你板表面。要确保它是"湿润发亮的"。把切下的黏土放在湿润的区域，用手指轻轻压在迷你板表面，确保所有边缘都压下去。其他的图形重复此步骤。

7 使用木质的黏土建模工具，手指蘸取些水，涂抹每个图形的边缘。可能需要用建模工具重塑每个图形，由于黏土边缘会先变干，所以每次使用黏土之前，先蘸水涂抹各个边缘。

塑形

黏土放好后，就该用黏土建模工具了。使用黏土时，你应该能对塑造细节方面的难易程度有所感知。黏土刚从包装中取出时，是非常湿润、柔软且具有黏性的。最好在黏土湿润的时候揉动，把它黏附到板上。抚平边缘，形成基本形状。如果放置一段时间，就会有些干，也会更坚固，这时适合添加细节。

如果有必要，可以用手指蘸取些水抚平黏土，但注意不要让黏土表面过于湿润。因此，可以考虑一次同时实践几个作品。当一个开始塑形，就可以开始着手另一个了。

8 在圆形的黏土上制作简易花朵。用黏土工具做出一个中心圆。

9 在黏土上按压工具，并在中心圆外制作出散射状的轮辐图案。

10 切掉每个辐条末端的小三角块儿，制作出五个花瓣。用造型工具在每个花瓣的边缘绕一圈，并按照自己喜欢的方式装饰花瓣和中心圆。

熟悉黏土建模工具

黏土建模工具可能是制造浮雕图案最重要的工具，所以首要任务是把它当成你的"朋友"。用它抚平、塑形、标记以及雕刻黏土是再好不过了。用手指蘸水抚平黏土是件很自然的事儿，但这样表面会更湿润，也需要在添加细节之前晾干。练习使用工具，尤其是练习使用工具抚平黏土表面。为抚平表面，用工具的斜边倾斜 30 度角轻轻在黏土表面划过。

11 换到心形图案，并在里面画一个较小的心形。工具会帮你快速划出一条线，再划第二次让线条变平滑。

12 装饰边缘，用工具的斜边按压黏土。

13 在正方形中间添加一个方框，划分出空间。

14 在中心处添加装饰，例如心形。

15 简单的几笔就可以美化边角。

成品迷你板
这些是黏土练习作品的成品。翻到第 80 页，了解如何给黏土成品上漆以及其他不错的收尾技巧。

用家居用品压印

除了用黏土建模工具外，还有很多其他的工具可以用来压印，这些工具在家中随处可见。无论是叉子的尖头，还是牙签、瓶盖或吸管，都能制作出有趣实用的压印。

下面是一些勾画细节的建议：

- 把圆珠笔拆开，制作小圆，用来做鸟的眼睛或花心部分。
- 用吸管做出扇形，来做羽毛或鱼鳞。
- 试着用牙签或竹签做出极小的圆点。
- 牙刷能给岩石和沙土塑造出效果极好的纹理。
- 筷子的方头端能做出矩形。

1 用工艺刀从铺开的黏土中切出简单的鱼形，放到迷你板上，用黏土工具塑形，过程中要抚平边缘。

2 添加细节，包括鱼鳍和鱼尾部分。用吸管制作扇形鱼鳞。使吸管保持在较低的角度，以便看清在哪里下手。用圆珠笔的末端按压出鱼的眼睛。

迷你板的成品
这些迷你板是通过切割、摆放和塑形制作而成的，使用了零碎的物件压印。制作简约现代外观的作品，这是种不错的方法。

创意黏土的细节
为了制作出有趣独特的纹路，可以试着用房间周围的物件，比如旧牙刷、刀或吸管和笔的一端。

花的力量
木质画板上的
纸黏土和丙烯酸
12英寸 ×9英寸
（30 厘米 ×23 厘米）

这幅作品是我用纸黏土、工艺刀以及各式家居用品压印完成的。它是简单图形和基础压印技巧的结合。为了使表面光滑，在黏土风干后，根据需要，我用细粒砂纸将其打磨。在已经压印好的黏土上打磨时，一定要小心，不然会把印花磨掉。

用图章压印

　　很多种类的印章和图样都可以压印黏土。市场上卖的橡胶印章就很好用，但其中一些图案太浅或细节繁多，则不适合压印。泡沫印章和木质印章，图案简单，雕得又深，相对好用。也可以用雕刻块制作自己的印章，雕刻些简单的图案，这会比大多数橡胶印章图案更深。

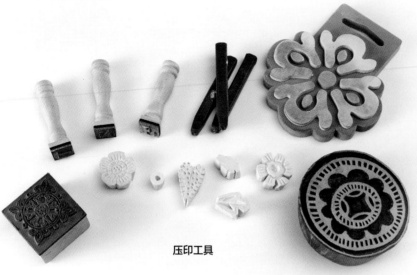

压印工具

1 压印真正的作品之前，最好在其他地方练习一下。铺开一张快速练习板，在上面先试试印章，看看效果如何，要用多大压力才能印得清晰。

2 准备一块迷你板，把黏土放在板子中间，向下按压（要先用水把板子沾湿）。黏土一定要比印章面积大，而且黏土要很好地粘在板子上，否则印的时候黏土会起来。把滑石粉涂抹在黏土表面，以防它和印章以及模具粘在一起。

3 放好印章，用力压下，确保所有地方都用力均匀，从而得到效果好的印花，然后再慢慢抬起印章。

4 用工艺刀修剪边缘，根据需要切去多余的黏土，用黏土工具抚平形状边缘。

制作定制印章

　　用纸黏土和一些其他物品，例如吊坠、木质装饰品或手链上的小饰物制作自己的印章。只要印好等它风干就行了。印章上会有一个反转的图案，和原来的相似，只是凸凹正好相反。可以选择一些有独特样式或细节的物件。

1 制作自己的印章。把一些黏土擀成 1/4 英寸（6 毫米）的厚度，拿起放在塑料上。把滑石粉涂在表面，并将物品压印在黏土上，以确保均匀按压到所有边缘。

2 拿起物品时，要十分小心，确保不破坏印花。依照个人喜好，也可以用工艺刀把图案外围的黏土切掉，之后使其充分干燥（参看本书第 34 页的干燥方法）。

3 等模具完全干了，就可以用作印章。但要始终确保在用之前，把滑石粉涂在黏土上，这样印章才不会被粘住。

印章和迷你板的成品
图片左边是风干的、经过修剪和打磨后的自制黏土盖章。右边的是用此印章制作出的装饰迷你板。切记要用水把迷你板沾湿，然后再把带有印花的图样放上去。

用模板压印

　　在黏土表面添加形状细节的最好方法，就是从硬纸板、标签板或垫板上切出一个纸模具，纸板的选择取决于你对图案印花深浅的要求。也可以用负形做模具。印重复图案时，负形模具非常好用，例如上页作品中的蜜蜂。这样可以做出形状一致的图案，也很容易在其中添加细节。

1 在折好的硬纸板上切出心形，在已经准备好的迷你板上按压些黏土，并把滑石粉涂在其表面（请参看本书第24页中的步骤2）。把模板放在黏土上，用手指和黏土工具，用力向下按压。

2 小心抬起模板，用反转的图案按压，呈现出的是一个凸起的而不是凹进去的心形。

3 修剪外边缘，并用黏土工具修饰心形。根据需要，继续用其他特有的工具添加细节。

更多不必要的想法
木质基材上的
纸黏土和综合材料
24英寸×18英寸
（61厘米×46厘米）

用模板制作重复图案再好不过了。这幅作品中，我把蜜蜂的模板压印到黏土上，然后切下放在木板上添加细节，这样能让所有蜜蜂大小相同、形状一致。

迷你板的成品
这里有一些已经完成的迷你板样式，是用印章和模具制成的。

雕刻黏土

到目前为止，我们主要是用简单的方法在纸黏土上塑形和压印，这些都是很不错的艺术创作手法，但用黏土建模工具雕刻浅浮雕是迄今为止最通用的方法。

浅浮雕（bas-relief）是"浅的浮雕"的术语，指的是雕塑材料上印出的印花是浮在背景平面上的。通常来说，就是通过凿掉或切掉表面物质构建出更深的层次，从而使物体顶层有凸起的效果。因为纸黏土容易粘到背景平面上，它能被切割，能贴服在表面上，能塑形再雕刻。最终的成品就像雕刻出来的，但要比雕刻容易得多。

本书中，用于创作大多数作品的主要工具是木质的黏土建模工具。在下面的练习中，展示了使用这种工具的各种雕刻技巧。

1 从黏土上切下一个直径 2 英寸（5 厘米）的圆，放到迷你板上，要先确保把板材润湿。向下按压黏土，把手指和建模工具用水沾湿，抚平黏土边缘和表面。

2 用黏土工具，在较大的圆中画出一个中等的圆，然后在里面画一个小圆圈。外圈做成花瓣，内圈当成花朵中心。

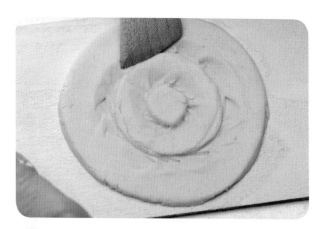

3 用黏土工具，沿着每条线的外边缘向下按压，形成花瓣。一边按压，一边转动板子，这样每次向下按压时都会有不错的角度。

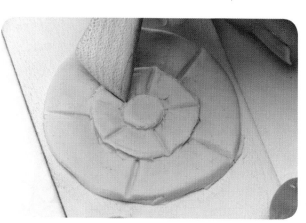

4 把表面抚平后，从每个圆心处放射出的笔划线都表示花瓣。总有一部分要重新按压，因为有的笔划线或压痕会被其他的抹掉。

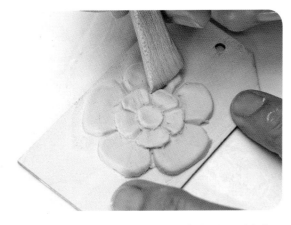

5 在每个轮辐末端，从外圈每个花瓣的角落处切下一个小三角形。绕着黏土滑动，做出圆滑的边缘，形成花瓣的形状。

6 轻轻围绕内层花朵的花瓣从一个轮辐移到另一个辐条。如果需要，要重新给圆心塑形。

7 用黏土工具，从中间到外边缘，抚平每片花瓣的顶部。

8 从花朵底层向上勾画黏土，形成花朵中心，这会让花朵的中心区域更凸出。如果需要，可以重塑花瓣。

护理黏土建模工具

黏土建模工具经常使用，会耗损细节处理需要的锋利度。为了保持其锋利度，要打磨建模工具尖头的两个面，直至光滑，最好能有刀刃的感觉。在桌上放一小块细粒砂纸，用一只手摁住，另一只手来回在砂纸上摩擦建模工具。确保握住工具，这样尖端的侧边就能与砂纸充分接触了。

可以打磨它们，按照规格定制木质工具以满足你的需求。有时，想要相同的形状但要小尺寸、更钝或更尖的头，就用工艺刀小心地削其中一端，直到削出满意的形状，然后再打磨工具的各边，保持光滑性。

偶尔用家具蜡打磨木质工具，有助于保持它们的光滑性和防腐性。只要找到最适合自己的工具，就好好珍惜吧！

9 既然黏土成形已经有一段时间了，应该足够坚固，可以开始添加细节了。从中心向每个花瓣划，上色时，这些划痕就像纹路或阴影一样。

10 添加细节时花瓣可能会变平，迅速向内收紧花瓣，重新塑形。

11 用牙签或工具的尖头给花朵中部添加纹路。

12 要想做出叶子，就切出小三角形的黏土块，放在花朵旁边，尽可能贴紧花朵。向中心添加细节。如果需要，可以重新塑形。

13 抬起黏土边缘，这样艺术作品的维度就更真实了。可以在抬起的地方垫上少量黏土支撑花瓣，但注意不要抬得过高，不然这个部位容易破裂或出现裂痕。

夏季的罂粟是在浅浮雕上雕刻的典型例子，黏土作品上漆之后有了改善，通过细节工作就能看出结果。注意花瓣是如何分出不同层次的。较深的区域是有阴影的，相对较高的区域是亮的，这增强了物体的形状，因为黏土中的划痕就像铅笔画出的线条，增加了作品的细节、深度和阴影，尤其是用深色颜料上色效果更明显，而光滑的区域会突出，因为它们本身的亮度没有变。

雕刻纸黏土与素描和油画有很多相似之处。用工具确定好外形，就像用铅笔或牙刷一样。第三部分中，将会学习如何用丙烯颜料轻松提高细节工作。

夏季的罂粟
木质基材上的纸黏土和
综合材料
12英寸×6英寸
（30厘米×15厘米）

制作黏土贴花

可以在塑料板上制作小的纸黏土贴花，它们是可以添加到艺术作品上的。运用印章和雕刻技巧，从简单的图形练起。完成后，让黏土完全风干，然后剥去塑料，最终会得到一块干燥的黏土，可以用工艺乳胶，如埃尔默的胶水，把它粘到其他艺术作品或纸黏土表面。

干的黏土片非常脆弱，最好把它放到背衬上，如板子或其他艺术作品上。如果用较厚的黏土——约为 $1/8$ 英寸至 $1/4$ 英寸（3 毫米至 6 毫米），这块黏土就会非常坚固，足以用作包裹的标签或没有背衬的装饰品。为了加固它们，可以把它们粘在纸或毡子的背衬上，并用工艺刀或剪刀修掉多余的部分。用密封层收尾会让它们更坚固，如本书第 80 页所述。

1 滚动并切出一个简单的图形，如蝴蝶。把黏土放在塑料板上，进行雕刻或压印。使用黏土建模工具，按压所有朝向中心的边缘，使其整洁精美。

2 顶部的黏土风干后，从背面剥去塑料并将其翻转，让下面的黏土也变干。如果把塑料留在上面，它可能不会变干。

3 在纸背衬上涂抹胶水，并用剪刀或工艺刀修剪边缘。还可以用细粒砂纸打磨。变干后，贴花非常脆弱，而且可能出现轻微弯曲，要放一个物体在上面把它压平。

需要奇迹
插接板上的纸黏土和综合材料
24 英寸 × 18 英寸
（61 厘米 × 46 厘米）

这种纸黏土的主体是在板子上雕刻成形的，所有的米拉格罗斯（墨西哥奇迹的魅力）和子弹都是先做成贴花，再用乳胶将其黏上去。

成品贴花
用石膏粉、媒材或丙烯酸为这些贴花块上色，这会让它们有些变软，也可以重新塑形。如果打算只用这些贴花，就加上纸和毡子的背衬。在顶部打一个孔，把丝带或细绳穿过小孔打成环，或者把绳带粘在黏土和背衬中间，做成饰品或挂件。

当黏土呈亮白色且全部变硬时，说明已经完全变干了。如果还有较深的区域或推动时会弯曲，说明还没足够干透，不适合上色。

一般来说，大多数黏土作品经过一夜才会变干。但如果天气潮湿或黏土过厚，变干的时间会更长。冷天，要把黏土放在暖气边，天气暖和就把它放在太阳下，以确保上色时，黏土是干的。

加快变干时间

如果板子足够小，可以放进设置为200华氏度（93摄氏度）的烤箱内，这样不到一小时作品就会变干。要每隔20分钟检查一次，不要让烤箱温度高于225华氏度（107摄氏度），不然板子会烧焦。

可以用吹风机的暖风烘干，但要确保干得彻底而不只是烘干表面。热风机一般只是烘干表面，而里面还是湿的。

修复变干的纸黏土

纸黏土变干后，锁水性就会很小。尤其是一大块纸黏土作品，其表面可能偶尔会在烘干时破裂或出现裂纹。这种情况通常是由于黏土过厚或覆盖面过大引起的。要修复裂痕，可以简单地取一点湿润的黏土填补到裂缝中，利用黏土工具使其表面光滑。如果需要进一步的平滑工作，也可以在它干燥时将其打磨。多余的细小裂缝，通常用石膏粉填补处理，这样才不会显现出来。请参看下面的示例，了解如何修复破裂的黏土作品。

微调黏土作品

黏土作品变干后，会有点儿像轻质木材，可以被切割、雕刻和打磨。这里有几种方法可以对黏土作品进行细微的调整：

1）用干净、锋利的工艺刀片切掉有缺陷的部分，去掉需要清理的边缘。可以把荆棘、爪子、鸟嘴以及叶子做得很干净，而这是湿黏土难以做到的。如果有需要，也可以沿着树枝边缘修剪它们，让它们更细。小心不要切进表面，尤其是帆布表面。这时候就能看出木质板的好处了。

2）用细粒砂纸打磨任何你想使之变光滑的表面，比如面部或蝴蝶的翅膀。也可以打磨背景表面以去除任何不想要的剩余黏土块儿。如果细节工作是处理表面，注意不要打磨得太过。吹走或刷掉颗粒，否则它们会堵塞凹进去的部分。

3）用黏土工具抛光黏土表面并使其光滑，这一步要等到黏土快干的时候才能做。这是一种细微的抚平技术，适用于面部、眼睛、鸟嘴、树叶等。

重组干的黏土

创意纸黏土完全干了，就可以重组了，但与刚从包装里拿出来的黏土相比，颗粒要更多。由于你一直忙着手头的工作，最后可能会把干黏土块儿弄得到处都是。如果把它们保存在有盖子的塑料容器里，可以加些水浸没这些黏土，这样它们会松软些。然后，把它们晾干再揉成便于使用的黏土。可以把它们用在不光滑的表面，如岩石、树干、底基层等。

如果纸黏土覆盖一大片区域，干燥后可能会在接缝处裂开或拉开。

简单地用湿黏土填充裂缝，并用工具使之平滑。

干燥后，用细粒砂纸打磨。上漆后，裂缝就会消失。

制作定制模具

可以从自己的黏土作品中制作出印章和模具，但凹痕必须足够深，细节完整，浅的印记不太好用。

这种技术非常适合制作一系列相似的图像，例如一群蜜蜂、蝴蝶或鸟。或者如果你花费几个小时制作自己喜欢的东西，你可以从中制作出模具，以便复制或制作出更多类似的图形。

为了使黏土作品和模具免受湿气，可以用石膏粉在它们表面涂上薄薄的涂层，这有助于保存以备日后使用或重复利用。关于用石膏粉进行密封的细节，请参看本书第 80 页。

1 在小板上制作有趣的黏土作品或制作贴花。这里是我制作的帝王蝶，它完全风干后会很坚硬，并呈现出亮白色，这时就可以用作印章了。

将一小块黏土碾成 ¼ 英寸（6 毫米）的厚度以适合黏土作品的印章，并将其放在板子上。用滑石粉涂抹黏土光滑的表面，并将黏土作品按在湿黏土上，要确保均匀按压到所有边缘。抬起黏土作品，修剪边缘，注意不要碰到印迹。让它自然风干，并从背面把塑料去掉，这样模具就完成了。

2 模具风干后，揉搓另一块黏土至适当尺寸。将滑石粉涂在湿黏土上，并将其均匀按压到模具里，然后再把它们分开，这时会得到一个与原来黏土匹配的印迹。修剪边缘，把它放到迷你板上，用黏土工具抚平边缘。可能需要稍微改进并重新设计，但这对于克隆原来的黏土来说是不错的开头。可以添加很难印刻或切出的微小细节，例如蝴蝶的触须或叶茎。

原始雕刻的黏土蝴蝶与匹配的模具

在干黏土上覆盖湿黏土

　　有时候分层的黏土效果最好。例如，你想在鸟身中部做翅膀，可能就需要花一整天去雕刻翅膀，放一夜让它自己风干（或是放进烤箱），然后再把鸟身加上。它的优点在于，作品的第一层风干之后，不用担心在做第二层时把第一层弄乱。湿黏土会完美地粘在干黏土上，但要确保加黏土前在表面涂些水分。

1 通过这个例子，我想给第 27 页上练习做的心形加上小横幅。揉搓些黏土，切出一个约 3/8 英寸（10 毫米）宽，2 英寸（5 厘米）长的小条。

2 在心形底部和板子上都涂些水分，把横条放在黏土作品上，轻轻按压。

3 从条带的两边分别切下一个小三角形，做成条带末端。将条幅沿着心形两边按压到板子上。装饰它或在上面盖上字母的印章，或直接空白。

分层黏土迷你板的成品
这里是一些分层黏土的例子，都是湿黏土加到干黏土的作品上。

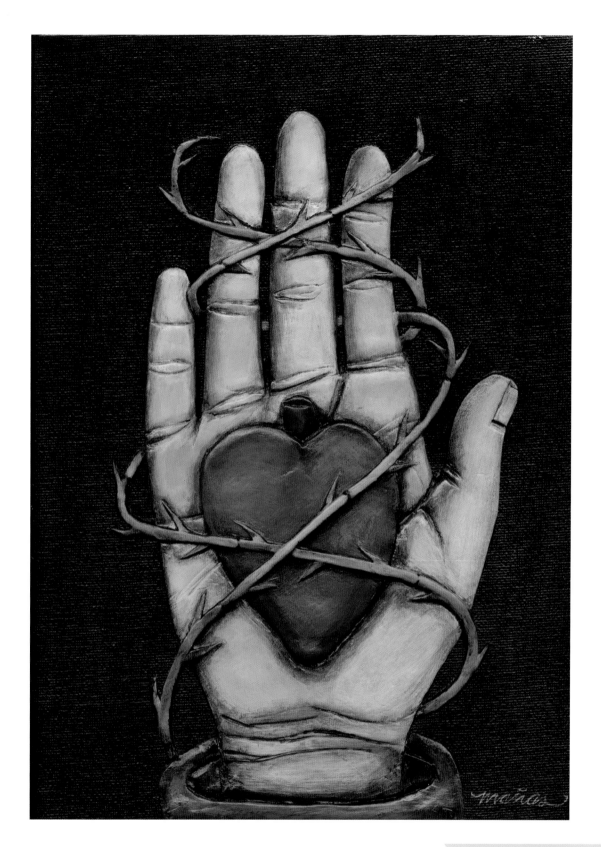

《爱是复杂的》是湿黏土叠加在干黏土上的例子。雕刻完这只手，等它变干，加上心形，之后再让它变干。最后，还添加了藤蔓。无论藤蔓是离开手的表面，还是在板子上，只要在它下面加些黏土，就可以填补和隐藏过渡空间。不然，就要在水平变化的地方加一条线收尾了。

爱是复杂的
画布上的纸黏土和丙烯酸
12 英寸 ×9 英寸
（30 厘米 ×23 厘米）

保持黏土潮湿

有时，如果作品面积大或者复杂，你会想保持黏土作品的湿润和可塑性。由于基底会让湿气从黏土中分离出来，简单地用塑料进行覆盖工作是不够的。如果要稍后回来完成作品，这里提供了一些可行步骤：

1）如果黏土是干的，先润湿所有边缘。根据黏土的温度和干燥度，把水轻轻喷洒在整个黏土上，以确保充分润湿。

2）把纸巾浸入水中，拧干，揉成一个小团。

3）把湿巾放在一小片塑料板上（这样它不会弄湿板子或画布），把它放在基底上，作为小型加湿器。

4）用塑料板或大塑料袋把整块板子的前面和背面都盖上。如果不用塑料覆盖，空气从背面通过会风干黏土。

黏土作品能保持三至五天的潮湿，但这取决于气候以及室内温度。如果可能，一定要确保每天都检查黏土，如果风干过快，可能需要再次喷水。炎热、干燥的气候会消耗黏土中更多的水分。

保存纸黏土

创意纸黏土自带密封的塑料袋，因此能保持未开封黏土的湿度长达数年之久。所以显然袋子本身就是储存未使用黏土的好地方。袋子一旦被打开，就要保证用胶带封上，放到另一个塑料袋里。打开包装时要注意存放，以便继续使用。除此之外，可重复密封的塑料袋可以使用几个月，你甚至还能重复利用。

保持纸黏土的湿度超过一夜或几天
把湿巾当作加湿器，暂停工作时，它能防止黏土风干。

黏土变干前的几个小时都是可以使用的。工作时，它可能会出现裂痕或边缘变白的现象。

如果发生这种情况，用润湿的手指（或用喷雾瓶）润湿黏土，并用黏土工具抚平裂缝。但要知道，每次润湿表面，都可能要等它干了再开始做细节工作，不然它可能过于柔软。

罪恶的重量
画布上的纸黏土和综合材料
36 英寸 ×24 英寸
（91 厘米 ×61 厘米）

这个大件作品需要几天的工作才能完成。我先塑造除了手以外的完整人形，然后等它变干。接着开始做篮子，把它塑形雕刻后，保持几天的湿润，变干以后，才加上手，同时加了几个箭杆，在适当的地方雕刻它，并让它风干。最后，把羽毛加到每个箭杆上。等到整片黏土都变干，就从激光打印的复制品中切出条幅在每根箭上加上字母。

● 寻找灵感

下面几页展示了我创作纸黏土艺术的个人历程。正如你看到的，我的工作从一个草图开始，接着就有了计划，也逐渐形成了黏土作品。我很少即兴发挥。无论创造多少次，都会在完成作品之前，制订出固定计划。这不是说在开始前就解决了各个方面的问题，而是我确实在尝试寻找强烈的方向感、黏土的位置以及想要制作艺术品的愿景。

只要知道接下来要做什么，我就会像个快乐的露营者。所以我一直在做白日梦，思考下一个作品是什么。我喜欢想出新点子，想象着用不同的方式表达出来。

我很容易受到启发，也一直在寻找着我的缪斯。大自然在我的艺术创作中发挥着巨大的作用，它有着令人难以置信的美丽和纯粹的完美。其他艺术家的作品也总会赋予我灵感，尤其是独具匠心、画风淳朴、未受过训练的户外艺术家。我喜欢参观博物馆、画廊、图书馆、老式商店、跳蚤市场、炫酷的精品店、艺术品商店、卡片店和书店，并从中寻找灵感。还可以在线浏览图片，网上几乎有任何你想看的图片。生活中，灵感无处不在。

无论想到的是什么、从哪里来，我都试图在想法本中记录下来。我一直随身携带速写本，这样就可以记录、诠释出灵感了。我会画出一点框架，也许是记些笔记。这样在需要的时候，就会有一本子的点子给我思路。

春天，我走在街上寻找盛开的美丽花朵，大自然能提供最好的工作素材。而隆冬时节，当需要知道罂粟花的样子，我就庆幸自己手头有这些随时可供参考的资料。无论是从书上、杂志还是从网上或是从自己的照片上，我都能在几分钟内找到自己想要的。如果需要摆着特定姿势的模特，我就设置相机，给自己当模特。科技无疑简化了收集有用的参考资料的过程。

我拍了很多照片作为工作时的参考，也在网上搜索了很多图片。

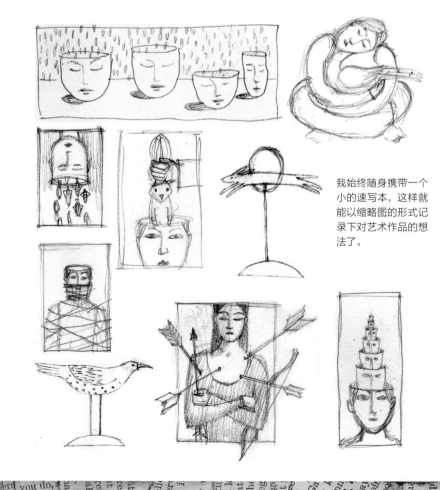

我始终随身携带一个小的速写本，这样就能以缩略图的形式记录下对艺术作品的想法了。

基本过程

让想法从概念变为现实是个有趣的过程。或许平面设计师和插画师的培训影响了我的创作过程,因为只要能记住,我就会一直用相同的方法。我用纸黏土做出的每个作品都是用同样的方式开头的,先画出草图,再绘制出实际尺寸,在描图纸上画出草图,将基本形状转移到板子上,再把我的设计描到纸黏土上。然后,剪切纸黏土,把它放到板子上再雕刻。

1 绘制小的缩略图

2 以实际尺寸绘制缩略图的简图

3 在描图纸上用墨水画出图案

4 将基本形状转移到板子上

5 剪切黏土

6 放置黏土

7 雕刻黏土

8 成品

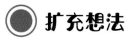

扩充想法

用纸黏土做重要的作品时,我喜欢先做好固定的设计方案。虽然我也乐于在艺术创作中自由发挥,但我发现使用黏土需要更多的实际操作。这是我在基本过程中用到的方法,如书中第41页所示:

绘制缩略图

起先,我给每件艺术作品都绘制缩略图,在进行下一步之前,解决图像设计和布局问题。我快速用铅笔画出想法,尽量用多的细节表达出思想的精髓。之后也许会用相同的元素画一些其他的草图,而这决定了我的构图。我从来不直接画在基底上,因为想保持基底表面的原样。

绘制出缩略图后,我按照纸张的实际尺寸用铅笔画出了粗略的设计。有时,我用扫描仪放大缩略图,它能保持画面比例相同。这也是我保持图形精准,细化构图的所在。我不愿意做大量的涂抹工作,而是喜欢在草图上加上一层复写纸,然后继续细化图像到满意为止。有时候也需要加很多层。

给图案上墨

一旦画好铅笔设计图,就取一张新的复写纸,把纸切成基底大小的尺寸。把复写纸放在铅笔画上,并用黑色永久马克笔描出图画。描的时候,也要做出一些小修整,细化图形并扩充细节。有时,要在上面再加一张复写纸,继续完善图像。这样做出的调整要比调整板子上的黏土容易得多,而且画得越多,手、眼睛和想象力配合得就越好。

把设计图转移到纸板上

既然结实的复写纸上的图案已经上好了墨,接下来就要把设计好的基本形状转移到准备好的板子上了。这张板子已经涂上了石膏粉,用砂纸打磨过了。把图案用胶带粘在板子顶部,在它下面放上复写纸。给图案上墨时,复写纸垫在下面,就能看清自己的设计了。把基本形状描了一遍,这样就知道黏土该放在哪了。不需要有太多细节,因为都会被黏土盖住。

把设计转移到黏土上

把一块厚的黏土碾成所需厚度,约 $1/16$ 至 $1/8$ 英寸(2 至 3 毫米),抬起黏土,确保不粘到塑料板上,并将其放到塑料的干净区域。接着把上了墨的图案放到黏土上,用圆珠笔描出主要图案,确保不遗漏每处细节。用力把图案按到黏土里,注意不要穿破下面的纸。所以说用结实的复写纸是有必要的。先画出主要图案,雕刻到满意为止,然后再描出其他元素,一边描一边添加和雕刻细节。

干洗袋很薄,能用来覆盖黏土,垫在复写纸下面防止湿黏土弄湿图案。在黏土上描出设计图时,一定要牢牢按住黏土,这样才能看清印迹。

画出尽可能多的缩略图,如花的种类,从而决定自己的图案适合什么风格或色调。

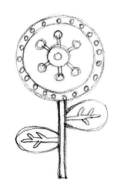

⬤ 排版与构图

虽然做设计师有些年头了，但我创作作品的方法并非不切实际。如果要了解更多构图的知识，可以读一些相关书籍。对我来说，它看上去似是而非。我觉得我们与生俱来的平衡感可以用到艺术创作中。规划作品时，以下原则我始终铭记在心：

不要让主体独立在空白处。与其画一个小插图，不如把主体和画面边缘连起来，这样它也是画面的一部分了。这不仅固定了图像，也让它有了存在感。可以用简单的一条线表示地平线或桌面。

选出画面的亮点。选择一到两个主要物件，让它们比其他物体大，在画面中突显出来。一些物体突出，另一些就要淡化。如果所有物体大小相似，画面就没有重点了。

远离角落。用矩形或正方形表面时，设想一下，画面中几乎占满表面的大椭圆形或圆形，其中包括了图像的重要部分。避免将任何重要的东西放在角落，否则它会吸引你的目光，扰乱构图流程。

在镜子里看。评估构图时，一种可行的检测方法是在镜子里看画面的反转像。这就像看别人的设计，总比看自己的容易找出缺陷。天生的平衡感会帮你判断是否需要做出调整。

风格和色调

绘画的方法多种多样。例如，现实的、风格化的、抽象的、装饰的、异想天开的或现代的。我喜欢的艺术风格是符合我想要表达的故事氛围的。但有时候，我用轻松的风格表达悲伤的故事，因为我喜欢两者并存。思考如何以最好的方式讲述你的故事，可以在草拟和规划阶段进行试验。

缩略图是细节图的基础。在实际动手绘画之前，这些看似不起眼的草图帮我拟定了想法和设计，还包括画面比例和构图。

这里有更多改进过的图画，均源自左边粗略的缩略图。

黏土作品

这部分展示的黏土作品运用了第一部分中学到的多种技巧。每个作品都更复杂、更有挑战性了。如果按顺序完成作品，你会在过程中对雕刻和添加细节更加游刃有余。希望你的作品中会有自己的艺术风格，可以自己规定每个黏土作品的比例，同时能用到第三部分将要学到的收尾技巧。关于在线分享成品的信息请参看本书第140页。

蜀葵
嵌板上的纸黏土和丙烯酸
18英寸×14英寸
（46厘米×36厘米）

新叶

树叶是我们再熟悉不过的简单图形了。人只有置身户外，灵感才能无限迸发。第一个作品进行得比较快，在开始更复杂的图像之前，有很多方法能提高技能。这个作品中树叶的样式可以在本书第 51 页找到，只需用细头马克笔简单地把它临摹到复写纸上即可。当然也可以自己制作树叶图案。

材料

❀ 黏土作品工具包（第 11 页）

❀ 设计工具包（第 11 页）

❀ 5 英寸 ×7 英寸（13 厘米 ×18 厘米）涂有石膏粉的基底

1 准备基底

虽然画布上已经涂了石膏，但有时还是很光滑，所以我更愿意用自己的石膏粉，这样成品会更透气。

2 设计图案

用细头马克笔，把第 51 页上的模板画到复写纸上，并剪裁出适合 5 英寸 ×7 英寸（13 厘米 ×18 厘米）的画布尺寸。或者不用模板，任意画出树叶图案。

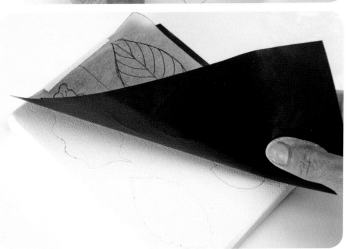

3 把设计转移到画布上

把图案贴到画布顶部，用碳纸或转印纸把设计的基本形状转印到画布上，这将决定黏土的摆放位置。

4 **把设计转移到黏土上**

碾制一块 $1/16$ 英寸至 $1/8$ 英寸（2 毫米至 3 毫米）厚的黏土板，它要足够大才能放下所有的树叶图。碾好后要经常抬起，确保不粘在塑料上。用圆珠笔描出单独的树叶图案，包括细节，然后把图案印在黏土中。把图案转移到黏土上的同时要检查印记是否清晰。抬起复写纸，以确保印记清晰。可以暂时忽略叶柄。

5 **切割黏土**

用锋利干净的工艺刀切去每个树叶边缘上多余的黏土。用"快速停顿"的方法，不要尝试一刀割。将刀浸入水中，切的时候会更顺滑。

6 **放置黏土**

用水涂抹画布上有图像的地方，把第一张黏土树叶放在适当的位置，轻轻按压，确保能粘在画布上，并且下面没有气泡。用纸盖上剩余黏土。

7 **塑形并抚平边缘**

在工具或手指上沾一点水，抚平树叶边缘难切割的部分，它们一般干得很快。

8 **添加其他叶子**

用同样的方式添加其他叶子，确保抚平边缘并塑形。或者继续雕刻第一片树叶，之后再添加其他叶子。

⑨ 微调黏土

轻轻推动黏土，做出扇形边缘。比起在树叶很小的时候切割它们，用黏土工具微调边缘，然后做出扇形会更容易。

⑩ 雕刻中间的叶脉

用黏土工具沿着每片树叶的中心划一道叶脉。要想做出凸起的叶脉，沿着第一道划痕再划一道，在中间留出一小条空隙即可。

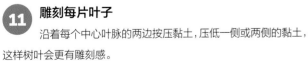

⑪ 雕刻每片叶子

沿着每个中心叶脉的两边按压黏土，压低一侧或两侧的黏土，这样树叶会更有雕刻感。

⑫ 划出每个叶脉

用黏土工具在每片树叶上划出叶脉。加深叶脉深度，这样印记显得精致。如果对划出的叶脉满意，就在开始绘制细节之前，用黏土工具抚平树叶表面。

13 添加树叶上的阴影

选取两片树叶（左上和右下），沿着中心叶脉添加影线标记作为阴影。完成后，这些标记的色调会变深，呈现出阴影的效果。

14 添加叶柄

把黏土揉搓成小细条，做成叶柄。在每片树叶底部涂上水，用黏土工具把小的叶柄用力按在画布上。重新塑造每片树叶，把叶柄和中心叶脉连接起来。

15 风干树叶并添加更多细节

做好了所有想要的树叶，就让黏土风干，直到变白变硬。可以参看本书第34页加快风干时间。风干后，用球形头工具或牙签在两片树叶间点点。涂上颜料后，会出现有趣的效果。

16 清洁和修剪

用工艺刀，根据需要修剪树叶上的点、叶柄和边缘。注意不要剪穿画布。参看本书第46页上完整的干黏土作品。

把书翻到第92页，了解有关绘画以及给作品添加收尾细节的说明。

莲子百合

　　花通常是艺术作品的主题，但画面的设计构图依然是不小的挑战。要做出逼真的花朵浮雕，弄清楚主体的结构非常重要。这个设计的灵感源于复古的植物插图，它精美地描绘出了花朵复杂的结构，同时其他元素也都层次分明，如花蕾、莲蓬和莲叶。

　　本书第 57 页上有这个作品的图案，只需用细头马克笔简单地把它临摹到复写纸上即可。

材料

⁂ 黏土作品工具包（第 11 页）

⁂ 设计工具包（第 11 页）

⁂ 5 英寸 ×7 英寸（13 厘米 ×18 厘米）涂有石膏粉的基底

PLATE 53

Lotus-lily, *Nelumbo lutea*

2 **绘图与转移设计作品**

　　用细头马克笔把第 57 页中的模板画在复写纸上，并剪裁到适合板子的大小，约 5 英寸 ×7 英寸（13 厘米 ×18 厘米）。把图案贴到面板顶部，用碳纸或转印纸将设计的基本形状转印到表面上。这将决定黏土的摆放位置。

1 **研究参考物**

　　给予我灵感的图像源自埃迪斯·法灵顿·约翰斯顿（Edith Farrington Johnston）的《麦克米伦野生花卉的书》（*The MacMillan Wild Flower Book*）（1954 版）。雕刻过程中，给了我很大启发。

3 **将设计转移到黏土上**

　　碾制 1/16 英寸（2 毫米）厚的黏土板，要足够大以放下整个图案。用圆珠笔把大花朵上的细节转印到黏土上，再检查一遍，确保黏土上的印记足够深。

4 **剪切黏土**

用锋利干净的工艺刀切出花朵。根据需要转动黏土，这样就会有最佳的切割角度。将刀浸入水中，切的时候会更顺滑。

5 **放置并抚平黏土**

在要放花朵的地方涂上水，把花朵切好以后立即放到上面，轻轻按压，确保粘在表面。压出黏土下面的所有气泡，用黏土工具沾些水抚平外边缘。用塑料纸盖上剩余黏土。

6 **确定线条和形状**

用黏土工具重新划或按压所有之前描过的标记，让花瓣和花朵中心更明显。

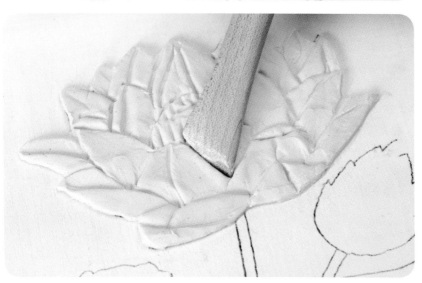

7 **开始雕刻**

花朵上的线条一旦确定，就可以开始给花瓣雕刻形状了。从外花瓣开始向中间雕刻。不管是不是一片花瓣在另一片花瓣后面，都要向内按压黏土。

8 创造出深度的效果

无论花瓣在哪折叠，都把花瓣底部向下按。以同样的方式处理花朵中心，按压花瓣后面的部分，这样会让前面的部分突出。通常在雕刻时，你可能顾及一件事却忘了另一件。记住，要有耐心和耐性，这一阶段的工作就是一系列的塑形和抚平调整。

9 在花瓣上添加纹理

雕刻完成后，沿着与中心脉络一致的方向划出花瓣的轮廓，显现出花瓣的曲线。然后从花瓣底部开始沿着曲线在上面添加阴影标记。打磨木质工具两侧，锐化边缘，这样细节能雕刻得更精细。

10 放置并雕刻花蕾

重复之前的步骤制作花蕾，用处理花朵的方式处理花瓣，向下按压一片花瓣，让它在另一片后面。接着，完成雕刻，抚平花瓣后，添加标记，形成阴影效果。

11 放置并雕刻莲蓬

向下按压莲蓬侧面，使顶部凸起，形成简单的莲蓬图形。沿着两侧的曲线划出线条，确定莲蓬形状。用黏土工具的弯曲部分，将外皮图案加到放种子的部分。

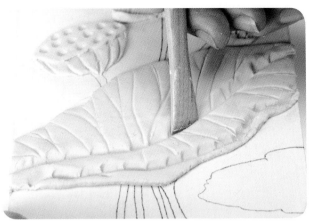 

12 放置与雕刻叶子

莲花的叶子是倒锥形的，连接着茎。沿着叶脉顶部穿过叶片中间向下按压，让叶子呈现出深度的效果，并把它分成前景和背景。

13 抚平边缘

用黏土工具，抚平卷起来的叶子边缘。有时候要参照图案，抚平描出的线条。划出所有的叶脉，让它们都沿着叶子的轮廓滑向中心。

14 添加叶柄

将黏土切成约为 1/4 英寸（6 毫米）宽的细条，添加叶柄，放叶柄之前先用水涂抹，向下按压花茎两侧，防止翘起。

15 在莲蓬中添加种子

将小块黏土揉成球状，做成种子，放在莲蓬顶部的外皮处。如果粘得不够牢固，等它们变干后，可以用一点白色乳胶把它们粘在原位。

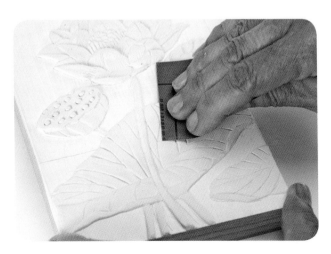

16 清理边缘

作品变干后，可以根据需要用工艺刀修剪花瓣和叶子边缘，用细粒砂纸磨掉多余的黏土屑，抚平叶子顶部和叶柄。现在可以给黏土作品收尾了。完整的干黏土作品详情参看本书第 52 页。

本书第 98 页介绍了关于绘画和添加收尾细节的说明。

有羽毛的朋友

　　鸟是纸黏土创作的一个不错的主题，它们形状简单，纹理细节又多，加上树枝、野果、树叶这些简单图形，也增添了不少趣味。最好先雕刻鸟，然后添加树枝和其他背景。等画好树枝，再添加纹理，快干的时候再添加腿和脚。每个部分干的时间不同，这样可以一边做，一边等着其他部分风干，不用一次性完成所有工作。

　　在本书第 65 页可以找到这个作品的图案。只要用细头笔或马克笔把图案临摹到复写纸上即可。

材料

❖ 黏土作品工具包（第 11 页）

❖ 设计工具包（第 11 页）

❖ 5 英寸 ×7 英寸（13 厘米 ×18 厘米）涂有石膏粉的基底

❖ 圆珠笔零件

1 **研究参考物**

这个作品的灵感源自英属美国北部的动物学课程（Zoology of the Northern Parts of British America），它是一个古老的鸟插图，名为《鸟》（*The Birds*）（1831 年）。雕刻过程中要经常参考。

2 **绘图与转移设计作品**

用细头马克笔把第 65 页中的模板画在复写纸上，并剪裁到适合板子的大小，约 5 英寸 ×7 英寸（13 厘米 ×18 厘米）。把图案贴到画布顶端，用碳纸或转印纸将设计的基本形状转印到表面上。不用画出细节。我会在木板上做出这个作品。

3 **将设计转移到黏土上**

碾制 $1/16$ 至 $1/8$ 英寸（2 到 3 毫米）厚的黏土板，要足够大，能在一块黏土上切出鸟的图形。碾平黏土后要时常抬起，以免粘到塑料上。用圆珠笔把图案转移到黏土上，先画鸟。把线条都描一遍，再检查，确保黏土上的印记足够清晰。

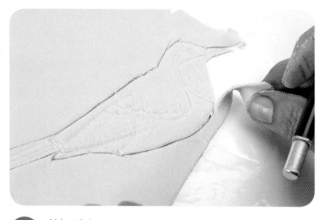

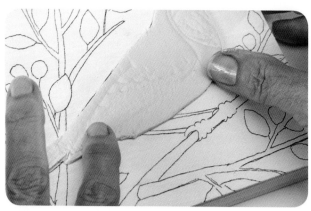

4 剪切黏土

用锋利干净的工艺刀沿着鸟的外表面切割。记住,快速下刀要比一刀切容易得多。

5 放置并抚平黏土

用水涂抹画布,把鸟切图放在上面,并轻轻将它按压到位。注意黏土下面的小气泡,用工具和少量水抚平边缘。

6 雕刻细节

用黏土工具,按照印迹上的线再划一遍,加深印记。雕刻鸟的基本形状,包括鸟嘴、脖子、胸脯、翅膀顶部、翅膀上的羽毛和尾羽部位。

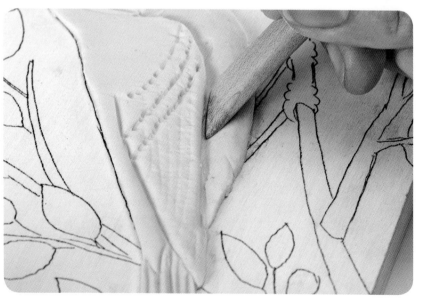

7 提高翅膀

用工具侧面沿着底部边缘向下推压,使翅膀看着就像从鸟身上抬起来的一样,然后再压平。添加细节之前,黏土可能需要先风干,利用好这个时间加深所有线条,抚平鸟的表面。

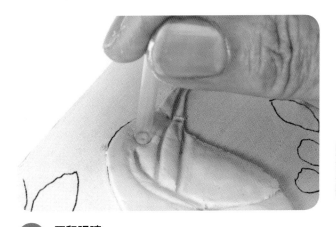
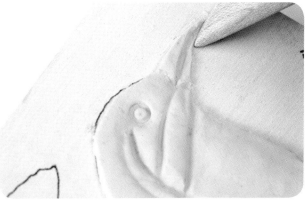

8 压印眼睛

鸟的面部是雕刻的重点，需要特别注意。黏土开始变硬时，就可以开始制作眼睛了。用一根小管子制作眼睛，例如笔芯。较大的管子可以做第二圈印记，让眼睛看着更真实。

9 细化鸟嘴

仔细给鸟嘴塑形，给鸟嘴加一条线和一个小鼻孔。等完全风干，就可以修改它，直到满意为止。

10 开始制作羽毛纹理

从鸟嘴旁边的头部入手，朝身体方向划出一些细线，就像鸟身上长出的羽毛。在眼睛周围小心划动，根据需要可能要用管子重新压印眼睛。

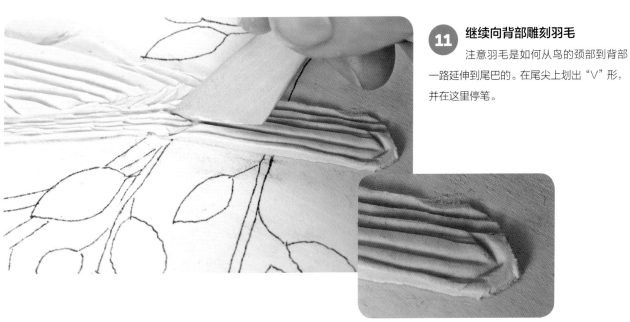

11 继续向背部雕刻羽毛

注意羽毛是如何从鸟的颈部到背部一路延伸到尾巴的。在尾尖上划出"Ｖ"形，并在这里停笔。

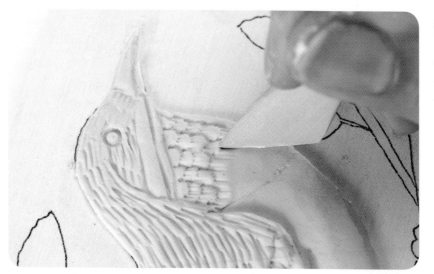

12 在胸脯上做出扇形

　　用工具的尖头快速轻击黏土雕刻出一排排小"U"形，就像是胸脯上的羽毛。也可以用一根小吸管或管状物代替，从鸟嘴下面延伸至胸脯。

13 做出一些较长的羽毛

　　雕刻出两排更长的扇形，完成整个翅膀。从翅膀底部开始，在每排羽毛下面按压黏土，并沿着每个翅膀上的羽毛从根部开始做出阶梯形，使羽毛富有层次。

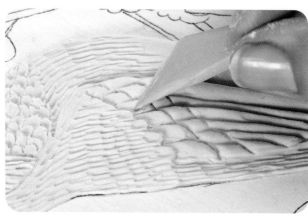

14 用最好的工具雕刻

　　尖锐的工具最适合做出清晰的线条和精致的细节，而较钝的工具最适合塑形和抚平物体。可以打磨工具的尖头使之成为较钝的工具。

15 雕刻翅膀及尾羽

在翅膀及其尾部的羽毛上添加些细节。从顶部的羽毛开始，沿着中间部分向下划动，然后在每一侧都划出波浪形。继续向尾羽的其余部分添加几个波浪形，在翅膀顶部也做出相同的效果。

16 添加树枝

用剩余的黏土板切成黏土条，做成树枝。不用修改，树枝本身就是最基本的简单图形。做出每根树枝，并添加纹理。树枝根部相对较宽，越往上分支越窄。

17 添加树叶

从黏土块中切出钻石形做成树叶，放好并在适当位置进行雕刻。至于细节，要从树叶中间着手，然后添加"人"字形叶脉。

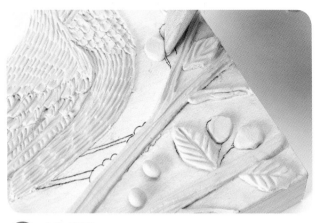

18 添加野果

揉制出小的黏土球放在适当位置，在板上进行雕刻。注意野果大多是椭圆形，不是圆形。用牙签或类似的工具在每颗野果顶部戳出小点。

19 添加鸟腿

切出小条的黏土做成鸟腿，把鸟与树枝连接。黏土条一端连接鸟身，另一端连接树枝，并抚平每条腿两端。

20 添加爪子

理想情况下，树枝足够坚固，能支撑起上面添加的爪子。将黏土揉成牙签宽窄的小蛇形状，切成 1/2 英寸（13 毫米）的小条，放在树枝上，把每个趾头都做成"C"形。在放置和按压爪子之前，务必在下面涂上水。用工具轻推趾尖以便成型，轻轻按压每个趾头，这样它能更好地粘在树枝上。

细小的东西很难固定住。有时用工具按压需要切掉多余的黏土，如果需要，还要重新塑形。

21 清理并修剪树叶

艺术作品变干后，可以根据需要进行修剪，例如树叶上的点、鸟嘴等。完整的干黏土作品详情参看本书第 58 页。

把书翻到第 104 页，了解关于绘画和添加收尾细节的说明。

筑巢

鸟巢是自然界的建筑奇迹之一。用纸黏土模拟随机结构和不规则形状的树枝和草坪会非常有趣。用于制作鸟巢的技巧同样也可以用在其他纹理表面，例如长满草的前景。同样，了解鸟巢的结构很重要，就像给鸡蛋做一个碗。而且鸡蛋也是做出来的，等快干的时候，将其切成两半，用白色乳胶将鸡蛋加到鸟巢中。这个作品中最具有挑战的部分是揉制细小的黏土，并把它们牢牢粘在作品上。确保每次都先涂些水在表面。

在本书第 71 页可以找到这个作品的图案。只要用细头笔或马克笔把图案临摹到复写纸上即可。

材料

⊕ 黏土作品工具包（第 11 页）

⊕ 设计工具包（第 11 页）

⊕ 5 英寸 ×7 英寸（13 厘米 ×18 厘米）涂有石膏粉的基底

⊕ 白色工艺乳胶

⊕ 细粒砂纸

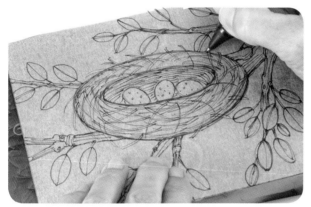 

1 将设计转移到基底上

用细头马克笔，在描图纸上将第 71 页中的模板画出来，并剪裁到适合板子的大小，约 5 英寸 ×7 英寸（13 厘米 ×18 厘米）。把图案贴到画布顶端，用碳纸或转印纸将设计的基本形状转印到表面上。不用画出细节。我会在木板上做这个作品。

2 转移并裁剪鸟巢的设计

碾制 $1/16$（2 毫米）厚的黏土板，要足够大，能放下鸟巢。将复写纸放在板子顶部，画出双层椭圆形。要雕刻出的是很随意的设计，所以不需要有细节。用锋利干净的工艺刀裁剪出鸟巢。将刀浸入水中，切的时候会更顺滑。

 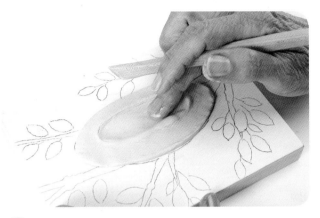

3 放置并制作鸟巢

用水涂抹鸟巢要被放置的地方，小心将裁剪后的黏土放在对应位置，轻轻按压，确保牢固，排出黏土下面的气泡。用黏土工具沾水抚平外边缘，然后用黏土工具尽可能深地刻画内侧的椭圆线，这就确定了鸟巢的内边缘。

4 塑造鸟巢内部

用手指按压内部的椭圆形平面，按压出碗的形状。如果黏土很厚，就要把多余的黏土转移到椭圆底部，添加到鸟巢前面的区域。

 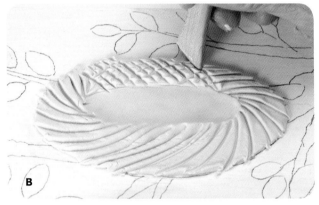

5 雕刻鸟巢外部的纹理

给鸟巢做一个有纹理的底部。用黏土工具围绕整个区域，在外椭圆上划出对角线（A）。接着向相反方向划线，这样十字形纹理就覆盖了整个较大的椭圆（B）。

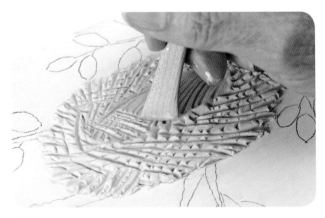 

6 雕刻鸟巢内部

在鸟巢内侧划出交叉对角线，添加纹理。

7 添加鸟巢外边缘的纹理

用黏土工具沿着鸟巢边缘划出向外散射的线，让纹理看着更随意。

8 放置黏土

为了让鸟巢外边缘像是用树枝和稻草编出来的一样，用工艺刀沿边缘切割，留下些枝条状黏土。

9 添加树枝

揉出另一块足够大的黏土，剪出所有剩余的东西（叶子、鸡蛋、凸起的树干）。画出树干并裁剪，或简单地裁剪出每个分枝——大体上宽窄一致的黏土条。做出并放好所有的树枝，确保先用水涂抹基底，再抚平所有边缘。

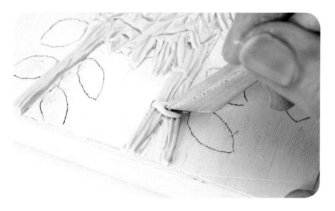

10 给树枝添加纹理

用黏土工具刻画树枝，让它们更像是木头。添加一小块黏土模拟树上的硬结，让树枝更形象。

11 在鸟巢上添加杆条形状

为了让鸟巢更像是用单独的树枝和稻草搭建的，在它的顶部添加一些细小的黏土条。用手指揉出细长的杆状黏土条，将杆切成 1/2 英寸（13 毫米）长，放在鸟巢外椭圆的周围，要先涂些水。轻轻放在与它们下面相反的方向上。

12 雕刻杆条形状

把杆状黏土条粘到鸟巢上，用尖的黏土工具把每个黏土条从中间划开，让后加进去的部分与原来的纹理吻合。

13 揉制并切割树叶

给作品添加大量树叶，可以简单地从剩余的揉制好的黏土中切出一些钻石形黏土，放好后，在基底上塑形并修剪树叶。可以边修剪，边添加纹理。

14 揉制蛋

把一小块黏土放在掌中，用另一只手搓出完美的球形，然后用手指轻轻揉成蛋形。把做好的蛋形黏土切成两半，而不是留下一整个椭圆形蛋，这样会更真实，也容易粘在鸟巢上。

15 将半干的蛋切成两半

风干蛋直到外面变硬，但内部仍然是湿的。用锋利的工艺刀把每个蛋切成两半，用类似锯木的动作，不要用力过大，这有助于保持蛋的形状，不然蛋会变形。但可能在切完之后需要重塑每一半蛋。

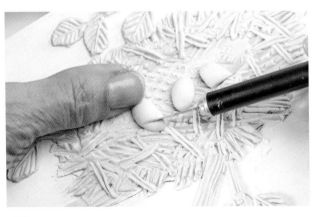

16 修剪并打磨蛋

蛋半干时，根据需要进行修剪、打磨。在这个作品中，用工艺刀切下两个蛋的末端，使它们像放在鸟巢里一样。如果需要，也可以稍微打磨一下，让它们更平滑。

17 把蛋用胶水粘在适当位置

所有黏土都变干后，用白色乳胶将蛋粘在鸟巢上。现在该添加小细节了，这可能让作品更自然，就像几根稻草从树枝上支出来一样。干燥后，就要进行收尾工作了。完整的干黏土作品详情参看本书第 66 页。

把书翻到第 112 页，了解关于绘画和添加收尾细节的说明。

释放灵魂

制作圣人像来提醒你自己的梦想和志向。选取主题，通过制作圣人像表现出来。享受设计服装和装饰的喜悦。这个作品是拼贴作品和纸黏土的结合，添加脸部将在最后的收尾环节进行，或者可以用自己选择好的脸部图像。在收尾环节还会用到拼贴纸。有翅膀的心形和角落处的钻石作为贴花，分开使用，在放完拼贴纸后再添加到作品上。

在本书第 77 页可以找到这个作品的图案。只要用细头笔或马克笔把图案临摹到复写纸上即可。制作面部，激光复印效果最好；喷墨图像很可能会被抹花。

材料

⊕ 黏土作品工具包（第 11 页）
⊕ 设计工具包（第 11 页）
⊕ 5 英寸 ×7 英寸（13 厘米 ×18 厘米）涂有石膏粉的基底

1 绘制设计

用铅笔在描图纸上将第 77 页中的模板画出来，并剪裁到适合板子的大小，约 8 英寸 ×10 英寸（20 厘米 ×25 厘米）。把图案贴到画布顶端，用碳纸或转印纸将设计的基本形状转印到表面上。我在画布上做这个示范。把选好的面部图像用激光打印出来，并裁剪成合适的尺寸。我会在之后的收尾环节把它粘好。

2 揉制黏土

碾出一块足够大的黏土，要能够切出整个人物。在继续下一环节之前先抬起黏土。在之后的步骤中添加光环和边界线。

73

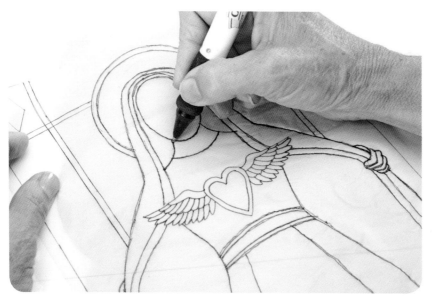

3 **转移设计**

把所有线条都描一遍,将设计转移到黏土上,一定要查看黏土上的印记是否清晰。"飞翔的心"图案不用转移,它会在之后的步骤中单独制作。

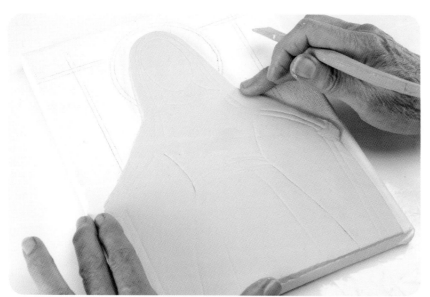

4 **放置并抚平黏土**

用锋利的工艺刀绕着人物外围切割,将刀浸入水中,切的时候会更顺滑。用水涂抹要放置人物黏土的地方,然后把黏土放上,并从内到外轻轻按压,确保黏土下面没有气泡,用刀挑开较硬的气泡,并用工具抚平。黏土粘在表面后,用手指蘸些水抚平边缘。

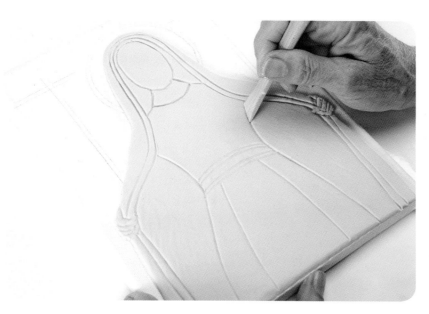

5 **放置黏土**

按照人物上的线条用黏土工具再划一遍。从头部开始,抚平将要放置脸部的表面。接着制作身体,沿着应该向内缩进的线条按压,比如面纱内侧,身体和头发的两侧。

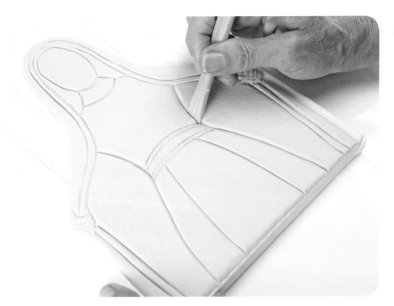

6 加深线条

用黏土工具，加深并抚平人物上的所有线条并修剪面纱。这有助于在收尾环节添加拼贴纸。

7 制作光环

用工艺刀和直尺从废料板上切出一块长条黏土，长度约 $1/8$ 英寸（3毫米）。在光环的轮廓上涂些水，把黏土条粘到圈内，如图所示。用黏土工具把它推成一个完美的圆。放好后，用黏土工具在光环上压印出从中心散射的小凹痕。

8 制作双手

特别注意，要确定好每只手上的大拇指和其他手指，可以阶梯式制作每只手的手指头，先向后按压小拇指，再移动到下一个手指，依次继续。钝头工具最适合制作这个部分了。

9 转移并切割"飞翔的心"

完成了人物黏土的制作，就可以把"飞翔的心"转移到黏土板上了，确保转移了所有细节。勾勒出翅膀的基本形状，裁剪出"飞翔的心"，注意不要切到羽毛周围的尖部。

10 雕刻"飞翔的心"

将裁剪出的"飞翔的心"放在一块塑料上，抚平边缘，就像做贴花一样。（有关更多的贴花技巧，请参看本书第32页。）根据需要重新塑形。

描绘心和翅膀上的所有线条，沿着羽毛底部向下按压，使顶部呈现出升起状态。用黏土工具向里推翅膀上的分割线，突显出每根羽毛。

11 制作角落的装饰

用圆形工具把一些剩余的碎片切成两个匹配心形的钻石形状，并在其中压印出细节，可使用小吸管或圆珠笔芯和黏土工具。这里是"飞翔的心"和旁边装饰的成品。完成这部分后，用白色乳胶把它们固定在适当的位置。完整的干黏土作品详情参看本书第72页。

把书翻到第 118 页，了解关于绘画和添加收尾细节的说明。

收尾 技巧

这部分你将学到完成黏土作品的所有方法。该环节包括密封黏土、制作细节、绘画、上光以及根据需要添加拼贴材料。还会学到如何给黏土作品涂色，并通过塑形和上色让作品更有生气。

学会了基本的收尾技巧，就可以完成在第二环节中制作的黏土作品了。通过运用不透明和透明的绘画技巧，让每个作品都有所差别。按照绘画说明，用给出的颜色方案，或者也可以自己搭配。最终的作品还包含了一些新的拼贴纸技巧。

伊甸园
画布上的纸黏土和丙烯酸
24 英寸 ×18 英寸
（61 厘米 ×46 厘米）

给黏土作品上色

　　给黏土作品上色之前，必须用石膏粉和丙烯酸媒材将黏土密封。如果不密封，它就极易受潮、破裂、弄脏。上色之前，把石膏层和媒材层单独风干、固化，这一步极其重要。吹风机能够加快风干过程，而且能更快地固化媒材。

　　这里我们将从第 20 页第一部分中的黏土作品演练开始。稍后在这部分中，将按照同样的步骤准备并绘制五个黏土作品。

1 在潮湿空气下密封黏土的过程中，石膏粉会为丙烯酸创造稳定的白色背景。要用柔软的刷子，硬刷子可能会划到黏土作品。用石膏粉涂两层薄的覆盖层，在涂第二层之前，先等第一层变干。旋转刷子让石膏粉进到每个角落，再拿到光下，这样可以看到都在哪里涂了湿石膏粉，不要到处涂，用刷子刷去多余的部分。如果注意到有不想要的黏土碎粒，可使用黏土工具或带橡胶头的擦拭工具，在用石膏粉把它们润湿的同时刮去，这样很容易就能把它们去除。把石膏粉风干并固化 20 分钟。完成后，一定要清洗刷子和工具，不然石膏粉会一直留在上面。

2 石膏粉彻底变干后，用丙烯酸光泽媒材在表面涂抹两层薄的覆盖层，并让每层都彻底风干。这会形成隔离屏障，保持白色的石膏不被染色，绘画时会有更多的选择，并且能进一步保护黏土作品。涂抹涂层的时候，转动刷子，确保所有地方都被均匀覆盖。不要将媒材涂抹得到处都是，用刷子刷去多余的部分，让每层媒材干燥并彻底固化。

加快干燥时间

即使石膏粉和媒材可能干了，也要让它们达到永久固化的程度。用吹风机吹能加快固化涂层，从而能够立即着手绘画。

细化石膏粉和媒材

如果石膏粉或媒材过厚，可能要用水让它变薄。你不会想在厚的石膏粉或媒材上添加细节的；但是也不要过薄，否则成品会很脆弱。

制作细节

现在已经用石膏粉和丙烯酸媒材将作品雏形准备好了，并且已经完全风干、固化。是时候用深色的丙烯颜料涂抹整个表面，收尾黏土作品了。用深色颜料覆盖纯白色的黏土作品，多少会让人有些不安，但这只是过程中的一部分，能让黏土作品呈现出深度和特点。

黑色是这一步中最简单的用色，能呈现出最强的对比和最大的覆盖率。当然，也可以用其他的深色颜料，如深蓝色、深红色、深棕色等。或者，如果想得到更微妙的效果，可以用稍浅的色调，如棕褐色或灰色。这些都依个人品位而定。

第一次练习，用象牙黑颜料加一点水在调色板上刷出一抹颜料。它的稠度就像奶昔，很光滑还不黏，就像刚从管中挤出的颜料。用那一抹颜料涂在黏土作品的整个表面上，确保把黏土完全覆盖，颜料应该会渗到所有的缝隙中，在表面上是薄薄的一层。

3 不用将外表面涂抹得很厚实，因为一旦变干，可能还要将颜料擦除或在表面重新涂颜料。最重要的是，黑色颜料要渗到所有凹痕和缝隙里，所以要从各个角度进行检查。

大揭露

　　深色颜料风干后，用外用酒精将它从黏土作品的表面擦掉，这时表面变白，而所有的凹痕都已填满了深色颜料。这个过程通过创造明暗对比，突出黏土作品，同时也增加了作品本身的特点，这会让人联想到版画复刻术。你会享受到此过程中的惊喜和发现，也会看到在制作细节上付出的所有努力而换来的成果。

　　使用外用酒精要小心，它不仅是颜料的溶剂，还对石膏粉和媒材起到相同的作用。擦除颜料时，要轻轻擦拭表面，不要干扰到阻隔层。同时要带上橡胶手套，酒精和颜料混合会弄脏手，尤其在颜料与乳剂分离的时候，谁都不想要黑指甲。确保始终在通风良好的地方使用外用酒精，以防吸入臭气。

24 小时规则

　　在一天之内将深色颜料去除，否则就会很难清理。因为你也不想在用力擦拭时，影响到阻隔层。

当心染色

　　如果表面开始呈现出灰色且不再变亮，这可能是因为擦拭到了媒材或石膏的阻隔层，它正污染着石膏或黏土。用水过度稀释媒材，过度擦拭，媒材涂抹黏土不够充分，或是用完媒材后没留出足够时间风干、固化，都会出现此类情况。可以用一层薄石膏或媒材重新涂抹受污染的区域，注意不要堵塞凹槽，然后再重新涂抹黑色颜料，小心地重复去色的过程。确实应该为有实物演练感到高兴！

4 让黑色颜料完全风干，将一些外用酒精倒入小容器中，并浸入一张纸巾。再轻轻擦掉黑色颜料，用力过度，会擦掉阻隔层，而且酒精也会浸到石膏里。

5 擦拭颜料时,翻转纸巾,用干净的一面,这样就不会无意中把更多的黑色颜料涂到黏土表面了。继续翻转纸巾,浸入酒精并擦除颜料,直到效果满意为止,但要始终切记不要过度用力。

6 用细节刷反复刷需要突出的区域,如可能掉色的阴影部分或不小心蹭掉颜料的地方。

7 黑色颜料去除后,就可以选择是让艺术作品继续黑白,还是添加颜色了。如果不想涂色,就把背景涂成黑色,这会突出黏土作品。

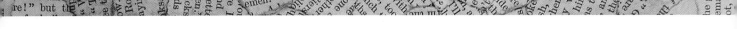

 颜色混合

给黏土作品上色非常有趣。完成了制作细节和塑形的所有工作，就可以涂颜色增强作品的效果了。可以用各种颜料上色，如水彩或油画颜料。本书中主要运用丙烯颜料。

混合颜色

如果还没有混合颜色的经验，这个过程会让你不知所措。选择正确的颜色混合至关重要，因为有些颜料不适于调色。以下是颜色混合的简单方法和解释说明。检验所有的颜料，在把它们用到黏土作品之前，先观察它们是如何混合的。

原色

我们以前学过三原色（红、黄、蓝）可以混在一起调出其他颜色，但实际上，如果不能正确使用这三种颜色，最终的结果可能会让你大失所望。

尽可能用少的颜料调出混合均匀、色度变化大的颜色，这种方法很实用。这些颜色并不是唯一的选择，却是手头上最重要的东西。透明的冷色颜料相比于不透明的暖色颜料来说，更易于调和。暖色中通常会混有少量红色，而冷色显得更纯，可以通过混合冷色得到更多的颜色。对于这个形式的原色来说，你会用到所有的透明冷色。而红色，要用紫红色，如喹吖酮玫红（QR）。蓝色，要用蓝绿色，如酞菁蓝（PB）。黄色，如偶氮黄（AY）。

混合 VS 上釉

将颜料中的颜色混到一起，结果会出现一个纯色，或是把一种颜色上釉到另一种颜色，也会得到相似的结果，但看着更有趣。上釉的意思是指在已干燥的一种颜色上涂上一薄层的透明涂料。可以透过上层颜色看到底部颜色，因为上层颜色是透明的，视觉上你会觉得它们是混在一起的。

上图中是一个干燥的样本，黄色颜料上涂了红色颜料。再看旁边的图，试比较上面的橙色（混合红色和黄色调和而成）和下面的釉色（在干燥的黄色颜料上涂抹红色颜料形成的）。上釉的图形更有生气，提供了更多视觉上的乐趣，这就是上釉的特点。运用这个技巧调整颜色，给颜色增加亮度或调暗。

使用丙烯颜料的提示

这里有一些使用丙烯颜料给黏土作品上色的提示：

- 丙烯颜料能够快速风干并永久持续，但是需要时间固化。一般来说，如果让颜料固化约 20 分钟，接着就可以在不干扰第一层颜料的情况下再涂上第二层，如果第一层颜料上色太快，颜料本身可能会成为溶剂，这样第一层颜料就会凸起。使用吹风机可以加快这个过程，并且能让颜料更快固化。

- 用水保持调色板上颜料的湿润，丙烯颜料干得很快，所以偶尔用喷水器喷洒调色板，能够延长颜料的使用时间，尤其是在干燥或温暖的环境下。

- 如果需要休息，但已经在调色板上涂了湿润的颜料，就用水喷洒几次，倒置塑料容器将它盖住。如果混合了很多颜料，且要等每层颜料都风干，这种方法就很便捷。

- 如果是用玻璃材质或陶瓷材质的调色板，请务必在涂抹新颜料之前将已干燥的颜料清理掉，否则会在作品中看到干颜料斑点。

- 清理玻璃调色板，只要用水喷洒已干燥的颜料，并静置几分钟即可。之后颜料会变形，用油灰刮刀很容易就能刮掉，用纸巾将它擦掉或直接丢进垃圾桶。

- 用丙烯颜料完成绘画后，一定要用画笔清洁剂或肥皂清洗画笔，并在水中冲洗。不用水冲洗的话，变干的残留物会留在上面毁坏画笔。

混合红色

喹吖酮玫红（QR）是红色的冷色形式，而红色通常作为暖色。在其中添加少量黄色（AY），颜色会更偏向正红色；再添加一点，就会更偏向橘红色。将少量蓝色（PB）和红色（QR）混合调出紫罗兰色。

混合蓝色

酞菁蓝（PB）是一种特别浓烈的颜色，蘸取一点，就能产生极大的颜色变化。如果（PB）用量过多，能轻而易举盖过其他所有颜色。所以，蘸取少量，并与一点红色（QR）混合，让冷蓝色更暖、更倾向于群青色。然后将最少量的蓝色（PB）与黄色（AY）混合，得到鲜艳的绿光蓝。

混合黄色

偶氮黄（AY）是半透明的颜色，黄色颜料中总会出现白色，所以不是完全透明的。将少量红色（QR）和黄色（AY）混合，调出更暖的黄色。还可以将少量蓝色（PB）和黄色（AY）混合，调出更偏向于黄绿色的颜色。

次生色和复合色

将两种原色混在一起，可以调出次生色。每种颜色的用量将决定次生色的色调和浓度。从理论上讲，每种颜色各自以一半的量混合，最终应该会得到纯的次生色。但另一方面，如果已经有了像 PB 这样的颜色，且用量过大，很容易就会覆盖其他的颜色。所以，一切都取决于颜料的颜色和色素负荷。复合色是将原色与相邻次生色混合，从而得到更多色调。

一般情况下，颜色调和结果如下：

偶氮黄 + 红色 = 红橙色
橙色 + 偶氮黄 = 黄橙色
红色 + 蓝色 = 紫罗兰色

紫罗兰色 + 红色 = 红紫色
紫罗兰色 + 蓝色 = 蓝紫色
偶氮黄 + 蓝色 = 绿色

绿色 + 黄色 = 黄绿色
绿色 + 蓝色 = 蓝绿色

添加黑色或白色

加深颜色，可以添加少量黑色。而这也会造成颜色偏移。比如说，在黄色中添加黑色会调出苔绿色。可以通过添加少量白色提亮色调，只需要很少的量就能将亮色转变为轻淡柔和的色彩。钛白是不透明的，它会将透明的颜色转变为不透明的。（更多的相关信息，请参看本书第 86 页。）

互补色
这个色环是通过原色、次生色和复合色衍生出来的，注意这些颜色的明亮和清晰度。要调出更柔和的颜色，可以添加少量各种颜色的互补色，每个颜色的互补色都是色环中直接与原色相对的颜色。例如，红色的互补色是绿色。如果在红色中添加少量绿色，或在绿色中添加少量红色，颜色会更柔和，亮度也会更浅。这实际上更倾向于原色的中性形式，添加得越多，就越自然，直到调出棕色或灰色。

用不透明的颜料绘画

如果颜料不透明，会遮住下面的颜料。它覆盖了其他颜色，包括板子上的白色。绘制黏土作品的一种方法就是在整个图像上用象牙黑（或另一种深色）颜料涂抹，然后再用不透明的颜料覆盖在上面。盖在上面的不透明颜料与黑色表面形成对比，呈现出简约的民间艺术风。

如果在不透明颜料中混入少许钛白，尤其在黑色的背景上使用，覆盖效果会更好，看起来更亮。用这种方法，黑色颜料就要尽量干燥。画笔浸入颜料之前，务必要擦干。还可以向透明颜料中添加少量白色调出不透明颜料，如将红色（QR）和黄色（AY）混合，调出橙色，再添加少量白色，使其变得不透明。

一旦选好要涂到黏土作品上的颜料，就清洗画笔并擦干，用画笔边缘蘸取少量颜料混合物，在调色板上滑动，让颜料均匀分布在画笔的笔尖处。确保没有颜料沾到画笔下面。画笔横着涂过图像的细节处能够防止颜料渗入凹痕。所以如果线条顺着一个方向，就横着画笔画出线条。这样颜料只会留在表面，凹痕处仍然是黑色。

如果颜料渗入凹痕中，可能是画笔上颜料太多，或是颜料太稀。再重申一次，两层薄涂层要好过一层厚涂层。浸湿纸巾，擦去多余的颜料。确保纸巾能从凹痕中取出。如果有需要，可以用湿的画笔。风干作品，再重新开始。

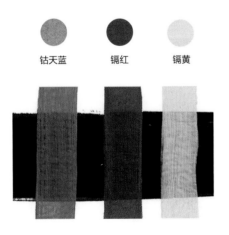

钴天蓝　　镉红　　镉黄

覆盖黑色的透明样本
在不透明颜料中添加少量钛白，能让颜料更亮，而且它会覆盖黑色，呈现出对比的效果。

1 准备一张带有石膏粉和丙烯酸媒材的迷你板，让它完全风干，然后用象牙黑将其完全涂好，并等待风干。

2 调出镉红和少量钛白的混合物，用平头刷在花朵上的细节处交叉涂抹，留出凹痕处的黑色。

3 将透明的橙色颜料涂在较小区域的表面，呈现出突出的效果。这里，少量不透明的橙色颜料涂在红色颜料表面，增添了不少光彩。用不透明的绿色颜料绘制茎叶。留出凹痕部分，增添图案的趣味。添加较浅的绿色颜料覆盖凹痕，使之突出。

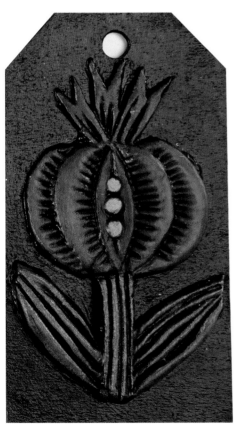

用不透明颜料绘制迷你板
这些迷你板是通过将不透明颜料覆盖在黑色颜料上绘制而成的。给每种颜色都添加少量白色颜料，用以提色。

用透明颜料绘画

透明颜料是可透视的，可以让盖在下面的颜色显现出来。光线穿过颜料照到下面的颜色，使之呈现出来。这使透明颜料比不透明颜料更亮、更立体。由于同样的原因，透明颜料不会像不透明颜料那样浓烈、深沉。因为可透视的缘故，透明颜料最适合用来涂抹表面已去除黑色颜料的白色黏土作品。白色部分上色后，凹痕中的黑色仍然会透出来。

这次练习，从涂过黑色颜料且表面的黑已经除去的作品着手，再加入透明颜料。为了最大限度地覆盖涂层，一定要冲洗画笔并擦干，避免上面存留太多水。给彩色涂层着色时，细节处的黑色仍然可见，而表面的透明涂层可以提亮下面的白色。

用媒材或水调制薄的不透明颜料，并将其作为透明颜料。它始终不会完全透明，但变薄以后，几乎和透明颜料一样好用。

酞菁蓝　　喹吖酮玫红　　偶氮黄

覆盖在黑色颜料上的透明颜料样本
在黑色颜料上覆盖的透明颜料不会盖住下面的颜色。而黄色是用白色调出来的，所以永远不可能完全透明。某些种类的黄色比其他的黄色更透明。

透明颜料 + 覆盖在黑色颜料上的白色颜料样本
在透明颜料中添加少量白色颜料，使它们不那么透明，这样才能更好地盖住下面的颜色。但让透明颜料变淡，也会使其本身颜色出现轻微变化。

适合这项工作的颜料

绘制小的、破碎的颜色区域时，非常适合用透明颜料。而绘制像背景那样较大的区域，且想得到相同的颜色和浓度，那不透明颜料就再合适不过了。

1 准备一张带有石膏粉和丙烯酸媒材的迷你板，使其完全风干，再用黑色颜料涂抹，等到变干，用外用酒精将黑色从表面除去。

2 用紫色（红色混合少量蓝色）的透明颜料在图像上涂上薄涂层。为了效果更好，让每层颜料都风干并固化20分钟。

3 颜料风干后，让其他颜料上釉到表面。这里显示的是将黄色颜料涂在蓝色颜料上，从而让茎叶呈现出亮绿色。用红色颜料画出中心部分的种子。

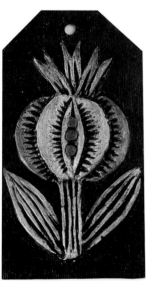

用透明颜料绘制的迷你板
这些迷你板是通过在白色颜料上涂透明颜料绘制而成的。（当然，黑色背景除外。）

● 调整颜色

有时黏土作品上的画可能显得沉闷，没有生气。或许，你画出的颜色有些平淡，亦或是你压根就不喜欢。不必担心，可以调整所有颜色，在上面涂上透明的釉，或涂上少量不透明颜料，将其变为透明的或不透明的。也可以用外用酒精把颜料擦掉，再重新绘画。下面你会看到如何修改、增强颜色，或是给颜色增添生气。

问题：过于单调
这块迷你板是用不透明的固体颜料涂抹而成的，看起来着实太过单调。

解决方案：上透明釉
上透明釉，给底色增添生气。

问题：颜色太深
这块迷你板颜色过深，因为它是用暗淡的颜色绘制而成的。

解决方案 1：去除颜料
用外用酒精擦去颜色过深的地方。

解决方案 2：上透明釉
用与之互补的颜色上透明釉。

底色和涂层

黑色颜料去除后，黏土作品看上去会很有生气。有时你可能想保留这种方式，或者可能想添加一种中性颜色，从而赋予它原始的、部落风的或古老的效果。下面你将看到如何添加单色，以及如何给黏土作品增强明暗度。

问题：过于僵硬
这块黑白的迷你板在对比中显得过于僵硬。

解决方案：添加一些深褐色
在整个图像上添加一层透明的棕褐色，呈现出突出部分，颜料风干前，擦去表面的一些颜料。

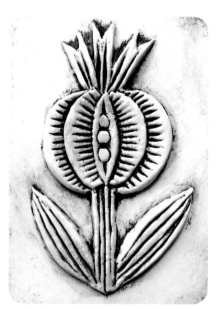

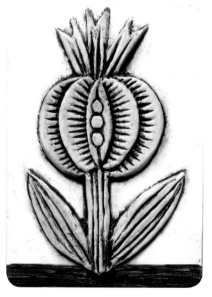

问题：褪色
这块迷你板是用棕色颜料涂抹而成的，但在去除颜料后，感觉有些褪色，而且缺少清晰度。

解决方案 1：刷制黑色
用细节刷和棕色涂料，沿着黏土边缘涂抹，突出深度，创造出阴影效果。

解决方案 2：刷制古铜色
在花朵和叶子上添加蓝绿色的薄涂料，突出整体颜色的色调一致。

新叶

对于第一个作品，会同时用到透明颜料和不透明颜料。左上角和右下角的树叶是在白色颜料上覆盖了透明颜料，而另外两片则是在黑色颜料上覆盖了不透明颜料。观察透明颜料呈现出的明亮效果，这是因为光线穿过颜料，并从白色颜料上反射回来。

材料

⊛ 作品 1 的黏土作品成品（第 46 页）

⊛ 收尾技巧工具包（第 11 页）

1 用石膏粉和媒材涂抹黏土作品

在黏土作品上涂上两层薄的石膏覆盖层，在做下一步之前先让每层风干并固化，用吹风机加快这一过程。石膏变干后，在黏土作品上涂两层光泽的媒材，不要涂得到处都是。一直涂抹直至涂层光滑。风干后，再接着涂第二层，让它风干并固化 20 分钟，或用吹风机加快进程。

2 用黑色颜料覆盖黏土作品

用象牙黑加水调出糊状混合物，使它足够涂抹整个作品。用软毛画笔将颜料涂到所有缝隙中，直到看不见白色为止。这时不需要固体颜料。之后让颜料完全风干即可。

3 将颜料从两片叶子上去除

用外用酒精和纸巾，去除左上角和右下角树叶表面的颜料。留出另外两片黑色树叶，最后可能会从背景中提取少量黑色。可见，起初颜料涂得不厚实是明智的。

新叶
画布上的纸黏土和丙烯酸
7 英寸 ×5 英寸
（18 厘米 ×13 厘米）

关于此作品中未上色的黏土作品说明，请参看本书第 46 页。

4 调出绿色

用平头刷，混合少量镉黄和酞菁蓝，调出中间的绿色。不要在颜料中加水。先从左上角的树叶开始画。

5 铺平绿色

用干燥的颜料在叶子的茎脉上横着涂抹，而不是按照它本来的方向涂。这会让画笔横着刷过表面，颜料不至落入缝隙中。如果喜欢，在绿色混合物上添加少量黄色可以将叶子一边提亮。

6 调出蓝色

冲洗并擦干平头刷。混合少量酞菁蓝和少量喹吖酮玫红，使颜色更偏向蓝色，而不是浅绿松石色。然后再添加少量钛白，调出中间的蓝色。

7 把第二片树叶涂蓝

用相同的方法和干燥的蓝色颜料涂抹左下角的树叶。

8 调出红色并涂抹第三片树叶

用平头刷或榛刷，混合少量喹吖酮玫红和偶氮黄，调出红色。在刷子上加少量水，调出涂料。用干净且干燥的画笔蘸取红色颜料为左上角的树叶上釉，上釉的窍门在于，用最少的色条画出均匀的涂层。

9 调出梅红色并涂抹第四片树叶

在少量喹吖酮玫红中添加一点酞菁蓝，调出中间的梅红色。添加少量水，调出涂料。用干净且干燥的画笔蘸取梅红色颜料为右下角的树叶上釉，可以用颜料多涂几次，使涂层色条数量减至最少。

10 完成底色

所有树叶都已经涂好了，但看上去毫无生气，是吧？为了调节颜色的柔和度，用透明颜料上釉。在继续下一步之前，底色必须完全风干并固化。等待 20 分钟，或者用吹风机吹干颜料并给表面加热，从而加速固化。接着在表面用颜色上釉，增强底色，使颜色更有生气。

我经常拿吃巧克力和观察颜色进行比较。如果只吃一勺纯可可粉，味道可不怎么样。但添加一点糖和奶油，舌头就会品尝出诱人的味道。而对于纯色来说，道理是一样的，添加其他成分使色彩丰富，例如上釉额外的色调，作品会更吸引观众目光。

保持颜料的湿润度

为了防止丙烯颜料混合物在各层之间风干，在上面倒放一个小的塑料容器。小的酸奶瓶就很适用。

11 **给红色树叶上釉**

从红色树叶开始，用偶氮黄给叶片右侧上釉并调出橙色。涂层越厚，效果就越逼真。给叶片左侧添加一抹喹吖酮玫红。

12 **给绿色树叶上釉**

给绿叶的右侧添加一抹偶氮黄，树叶左侧添加一抹酞菁蓝。

13 **给蓝色树叶上釉**

在酞菁蓝涂料中添加少量偶氮黄，再涂到蓝色树叶的左侧，使它更偏绿色。但仍然能看到下面透出来的颜色。

14 **给梅红色树叶的左侧上釉**

在梅红色树叶的左侧添加一抹喹吖酮玫红，使它看上去更偏紫罗兰色。

15 **给梅红色树叶的右侧上釉**

在梅红色树叶的右侧添加一抹酞菁蓝，使它看上去更偏紫色。

16 填涂背景和画布侧面

所有涂层都风干后，用一抹象牙黑填涂背景和基底的侧面。用中号画笔和细节刷涂所有细节紧凑的区域。用足够的水稀释颜料，并使其流动，然后再涂上两层薄涂层。在涂第二层之前先风干第一层，抚平能看到的任何一个颜料块。

17 填充点和缝隙

所有东西都干燥后，用象牙黑在渗入了不透明颜料的区域上釉，让黑色颜料渗到缝隙中，然后再用略微润湿的纸巾擦拭表面。

18 用黑色颜料强调

在每片树叶的中心区域添加黑色颜料，可以增强黏土作品的雕刻感，注意不要将颜料涂到中心茎脉上。用纸巾或干净的湿画笔去除多余的部分。

19 为作品上漆

在用最后一种媒材涂层给作品上漆之前，先让作品风干至少20分钟。如果喜欢，可以用亚光媒材涂背景和侧面，并用光泽媒材涂树叶。

莲子百合

这个作品是用所有的透明颜料绘制而成的，完美地应用了精细的上釉，呈现出一幅活灵活现的作品。想要画出浅色系，如花朵的颜色，要用薄层颜料，这样板子的白色能与颜料的颜色在视觉上融合。用这种方法，艺术品几乎能够发光，因为光线穿透颜料照到板子上，会从板子的白色上反射到眼睛中。

材料

❋ 作品 2 的黏土作品成品（第 52 页）

❋ 收尾技巧工具包（第 11 页）

1 **用石膏粉和媒材涂黏土作品**

在黏土作品上涂两层薄的石膏覆盖层，在进行下一步之前先让每层涂料风干。石膏变干后，在艺术作品上涂两层光泽的媒材，注意不要把媒材和石膏粉涂得到处都是。

2 **用黑色颜料覆盖黏土作品**

用象牙黑掺水调出糊状混合物，并涂到整个艺术作品上，包括各个侧面，确保渗到每个角落和缝隙处。不要把所有东西都涂成纯黑色。

3 **去除颜料**

作品风干后，用酒精和干净的纸巾轻轻地把黏土表面的黑色颜料擦掉。记住要折叠纸巾，这样每次用到的面都是干净的。

莲子百合
画布上的纸黏土和丙烯酸
7 英寸 ×5 英寸
（18 厘米 ×13 厘米）

关于此作品中未上色的黏土作品说明，请参看本书第 52 页。

4 **遇到缝隙处，要用刷子**

　　如果有的区域黑色颜料很难去除，可用坚硬的小榛刷或圆拱刷蘸取少量酒精，轻轻擦拭这些区域周围，再用折叠的纸巾将其擦掉。

5 **完成背景**

　　继续将黑色颜料从整个背景上擦掉，目的是为了将黏土和背景变白，而不是变灰。一部分黑色颜料的残留物会留在板子的微小缝隙中，这是除漆过程中不可避免的。

6 绘制花朵中心

用一抹偶氮黄加少量喹吖酮玫红，调出一种更暖的黄色。把画笔擦干，蘸取少量颜料，给花朵中心或花蕊上釉。

7 绘制花朵与花蕾

用少量喹吖酮玫红加一点偶氮黄制出较稀的颜料，调出一种更暖的粉红色。把画笔擦干，用粉红色涂层给整个花朵和花蕾上釉。

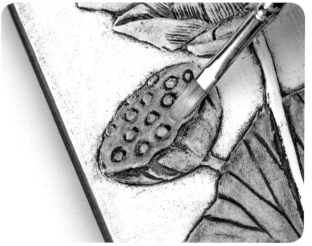

8 绘制叶片

用胡克绿制出较稀的颜料，把画笔擦干，蘸取少量颜料给两片树叶上釉，暂时先不涂茎。颜料还没完全风干时，用纸巾将两片树叶底部的颜料擦掉，创造出高光的效果。

9 绘制莲蓬和花蕾

用胡克绿调出同样的颜料，在莲蓬和花蕾上涂一层亮的薄层。然后，在绿色颜料中添加少量偶氮黄，使颜色更偏黄绿色，并给莲蓬顶部上釉。

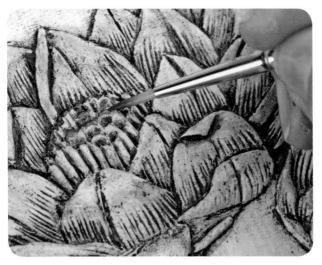

10 给花朵中心添颜色

用喹吖酮玫红颜料和细节刷，涂花朵中心雄蕊的尖部，给这些焦点增添些生气。

11 让花瓣呈现出深度

用少量喹吖酮玫红和一点偶氮黄混合，调出暖红色颜料，把画笔擦干，蘸取少量红色颜料，涂每片花瓣的底部，加深它们的颜色，使其呈现出深度。用相同的方式画出花蕾上的花瓣底部。

12 绘制花茎

用胡克绿制出较稀的颜料，给除了主花茎以外的所有花茎上釉。主花茎要比它后面的叶片更亮。将少量偶氮黄和绿色颜料混合，调出亮黄绿色颜料，并给主花茎上釉。

13 绘制水池并清理后景

用酞菁蓝混合少量喹吖酮玫红制出较稀的颜料，调出水的颜色。给水的部分上釉，然后用纸巾擦掉每个区域的中心部位，去掉颜料，创造出高光区域。

如果后景上沾有颜料，可用酒精和纸巾将其清理掉，在较窄的地方可以用画笔。

14 绘制天空

用最少量的酞菁蓝加上一抹偶氮黄，调出极亮的黄绿色。绘制后景并去除多余的部分，这样后景会显得更亮。

15 给水池上釉

水池风干后，用极薄、极亮的偶氮黄上釉，这样天空和池水会合二为一。去除过量的部分。

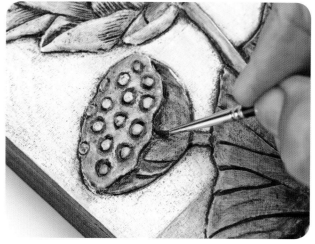

16 绘制背景和画布的侧面

用相同的偶氮黄，给叶片上釉，会让高光变暖，并将树叶、天空和池水融为一体。

在板子边缘加两层象牙黑涂层。染在艺术作品上的颜料用湿纸巾立即擦除。

17 增强黑色并涂上亮光漆

用一抹亮的象牙黑突出阴影区域，如莲蓬顶部的下面部分、突出的树叶中心褶皱处的两侧、花朵下面和一些花瓣的底部以及主花茎两侧。

所有东西都风干后，且你也满意这些颜色，就用磨砂或光泽的媒材进行涂抹，这取决于你的选择。注意不要将媒材涂得到处都是。

有羽毛的朋友
木质板上的纸黏土和丙烯酸
5 英寸 ×7 英寸
（13 厘米 ×18 厘米）

有羽毛的朋友

这个作品的灵感来源于本书第 58 页中的杂色鸫的老式插图。黏土作品整体被涂成了深棕色而不是黑色，这样对比相对较弱，外观更为柔和。前景是用透明颜料绘制而成的，而背景和一些高光部分则用的是不透明颜料。

材料

- 作品 3 的黏土作品成品（第 58 页）
- 收尾技巧工具包（第 11 页）

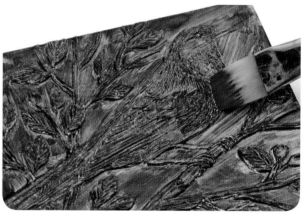

1 用石膏粉和媒材涂黏土作品

在黏土作品上涂两层薄的石膏覆盖层，随后制备两个光泽媒材的薄层用作绘制。让每一层都完全风干，不要在艺术作品上把媒材和石膏粉涂得到处都是。

2 用深色涂层覆盖黏土作品

用少量的赭石和等份的象牙黑混合。添加水分让颜料能够流动，用它绘制整个艺术品，并等它彻底风干。确保颜料能渗到每个角落和缝隙处。

3 去除颜料

作品风干后，用浸过酒精的纸巾擦掉艺术作品上的棕色颜料，先从鸟开始。轻轻擦拭并不断翻转纸巾，保证纸巾表面相对干净。如果树叶和树枝中的颜料很难去除，就用小刷子浸入酒精，这样能刷到较窄的区域，然后用纸巾轻轻擦拭并去除颜料。

关于此作品中未上色的黏土作品说明，请参看本书第 58 页。

4 **用橙色颜料绘制鸟**

混合等量的偶氮黄和喹吖酮玫红，调出一抹薄的橙红色颜料，给鸟的橙色区域上釉，如图所示，包括眼睛周围、胸脯、下半身和翅膀尖端。

5 **用亮棕色颜料绘制鸟**

调出一抹薄的赭石，给鸟的棕色区域上釉，注意避开尾部的尖端和下侧后部区域，这部分仍然保留白色。

6 **用白色颜料进行润色**

用细节刷，将少量不透明的钛白涂在仍需保留白色的区域，轻轻刷过细节处的纹理。

7 绘制树叶

用少量胡克绿蘸取一点水再调一次颜料，用它给每片树叶上釉。如果喜欢，可以在每片树叶的上半部分上偶氮黄颜料釉，给树叶增添生气。

8 绘制树枝

用少量偶氮黄混合赭石调出一抹薄的颜料，用它给树枝上釉。由于树枝的缝隙处已经是棕色了，可以用黄褐色颜料调色，主要是突显出细节。

9 绘制浆果

用少量喹吖酮玫红和更少量的偶氮黄混合，为浆果(实际上是山楂)调出微红色，并给每颗浆果上釉。

10 添加高光

光线照到的浆果顶部是一些发光点。可以在浆果的颜色中混入少量白色，调出浅粉色，涂在浆果上。或者用酒精去除浆果的一部分颜色，露出底部的白色。

11 绘制背景

黏土作品完成后，就给背景添加颜色。混合钛白和少量酞菁蓝，再加入少量喹吖酮玫红，调出天空的蓝色。用少量水稀释不透明颜料，使它能够流动。调出的颜料要足够涂两个涂层。用中号的榛刷将颜料涂在板子上，并用细节刷涂树枝和树叶中间的区域。涂刷表面使之光滑并去除颜料的斑点。

12 用湿润的画笔去除颜料

如果不想在某些区域涂上颜料，就用干净湿润的画笔涂抹该区域并去除颜料。能这么做是因为艺术作品余下的部分是干的。让该涂层风干并固化 20 分钟。用少量水稀释蓝色颜料，并给整个背景上第二层釉。等待第一层风干的同时，切记盖好颜料以防变干。

13 **绘制眼睛**

眼睛是关键部位，要仔细绘制。将少量偶氮黄和钛白混合调出浅黄色。用00号或000号细节刷绘制眼睛外圈。为了便于控制，不要在颜料中加太多水，在涂颜料之前要先将画笔擦干。

14 **给眼睛添加高光**

用象牙黑绘制眼睛的中心区域，等它风干，用钛白在虹膜的一边绘制细小的白色斑点作为突出区域。不要在颜料中加水，尽可能让颜料不透明。

15 **绘制鸟喙**

用少量象牙黑和钛白调出中间的灰色，绘制鸟嘴。在灰色颜料中再多添加些白色，调出极浅的灰色。在鸟嘴顶部添加浅灰色高光。

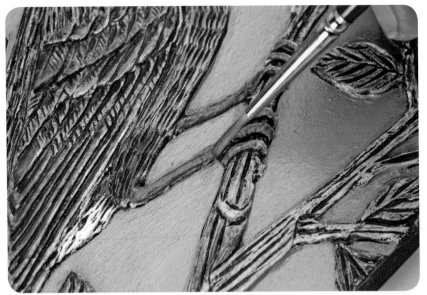

16 绘制腿和脚
将偶氮黄和少量喹吖酮玫红混合，调出橙色，给鸟腿和脚上釉。风干后，用绘制鸟嘴的一抹中间的灰色颜料再次上釉。

17 添加深橙色，呈现出强调的区域
混合喹吖酮玫红和偶氮黄，创造出深橙红色的强调区域，突出鸟的胸脯和下半身。

18 给胸脯添加高光
在少量镉黄中混入一点喹吖酮玫红，调出不透明的浅橙色，不要加水。用平板刷蘸取少量颜料，并轻轻涂抹胸脯羽毛的顶部，给该区域添加高光。

19 **用深棕色颜料进行润色**

同之前一样，调出赭石和象牙黑的混合颜料。用细节刷（00号或000号）绘制黏土作品边缘，这些边缘已经涂上了一些不想要的蓝色颜料。也可以用这个颜料深化一些可能被遮挡的区域，如鸟爪勾住的树枝和尾巴后面的树枝。

20 **添加复古的釉**

这时，你可能已经完成了作品。可以从深棕色颜料混合物中调出一抹颜料，让背景呈现出仿古的效果。这有助于使不透明的背景颜色和黏土作品的前景融合。在小块区域上涂颜料并用干纸巾擦掉，留出若隐若现的棕色。

21 **在层次上构建深度**

你可能想再用一只润湿的画笔软化棕色颜料上的硬边，然后再用毛巾擦掉。为了完成这个作品，用平板刷给边缘涂上两层深棕色混合物，在涂第二层之前，先风干第一层。用细节刷在作品上签字。所有东西都风干、固化后，用选好的媒材绘制整个图像和侧面。

筑巢
木质板上的纸黏土和丙烯酸
5 英寸 ×7 英寸
（13 厘米 ×18 厘米）

筑巢

这个作品几乎都是用不透明颜料绘制而成的。除了鸟蛋，所有东西都涂上了黑色颜料，只有它是用白色颜料绘制的。再擦去树叶上的黑色颜料，将不透明颜料覆盖在黑色颜料上。按照这种方法绘画时，最重要的是始终保持画笔干净。如果颜料中有水分，就会渗到凹陷的区域中，无法很好地覆盖表面的颜色。

材料

❋ 作品 4 的黏土作品成品（第 66 页）

❋ 收尾技巧工具包（第 11 页）

① 用石膏粉和媒材涂黏土作品

从给整个黏土作品上涂石膏层着手。等它变干后，用光泽媒材涂所有树叶，这样能在之后的步骤中将颜料从表面去除。

② 用黑色颜料覆盖黏土作品

光泽媒材风干并固化 20 分钟后，用一抹象牙黑绘制所有东西，包括板子侧面。转动板子，确保颜料涂到了所有区域上。如果需要，用细节刷覆盖所有的白色斑点。

③ 将颜料从鸟蛋和树叶上去除

黑色颜料变干后，用酒精和纸巾将颜料从鸟蛋和树叶表面去除。务必经常折叠纸巾，保证使用的是干净的一面。之后再重新绘制背景，所以不用担心不小心把颜料从这些区域上去除。

关于此作品中未上色的黏土作品说明，请参看本书第 66 页。

4 用白色颜料绘制鸟蛋

用钛白色绘制鸟蛋。用细节刷涂较窄的区域。根据需要，用黑色颜料进行润色。

5 用底色绘制鸟巢

将赭石和少量镉黄以及钛白混合，调出中间的棕色。不要在颜料中加水。用中号平板刷或榛刷蘸取少量的颜料混合物，确保颜料均匀分布在刷子边缘，且刷子下侧没有隐藏任何的颜料块。将刷子横着刷过鸟巢，保证颜料在其表面着色。保存剩余的颜料。

6 用基色颜料绘制树枝

将赭石和少量镉红以及镉黄混合，调出棕褐色。不要在颜料中加水。用平板刷或榛刷绘制树枝，横着刷过纹理处，确保颜料不会渗到缝隙中。保存剩余的颜料。

7 用透明颜料绘制树叶

将胡克绿和少量镉黄混合，调出绿色，然后添加少量水使其变成较稀的颜料。用同样的平板刷或榛刷，擦干后，蘸取颜料将所有树叶涂成绿色。

8 给鸟巢添加第一个强调色

在涂好所有的基本颜色，而且已经快干后，可以开始添加较亮的强调色了。用绘制鸟巢的相同基色调出黄褐色颜料，并在其中添加钛白。用细节刷绘制鸟巢顶端的精细纹理。绘制时，另一只手始终拿着湿纸巾，以便擦去多余的颜料或弥补错误。

9 给鸟巢添加第二个强调色

提取出用在鸟巢上作为强调色的混合黄褐色颜料，在其中加入少量镉黄和钛白，使之变得更亮。用这个颜料绘制更多的鸟巢纹理。最终它看着就像用了多种颜色混合出的结构，像真的鸟巢一样。保存剩余的颜料。

10 提亮树枝

用最初绘制树枝的颜料，在其中添加少量镉红和镉黄，调出更深的橙红色。用细节刷在树枝表面涂颜料，增添有趣的高光。

11 突出树叶

从步骤10中提取少量橙红色颜料涂在每片树叶的中心茎上，为之增添生气，同时也有助于融合树叶和树枝。

12 将背景涂黑

现在是时候把背景涂成纯黑色了。用细节刷绕着背景上的物件进行涂抹，用中号平板刷或榛刷在宽阔的区域进行绘制。在象牙黑颜料中加少量水，有助于颜料流动。抚平笔触，这样涂好的表面平整光滑，没有肿块或凸起，这可能需要两个涂层。

13 在鸟蛋上添加一抹黑色

鸟蛋上的白色在这里显得过于僵硬，要让它和鸟巢融为一体。用黑色加水调出一抹颜料，用细节刷将颜料涂在每个鸟蛋上，用纸巾擦去多余的部分。其目的是用涂层给鸟蛋加上复古的效果，然后用颜料绘制每个蛋的底座部分，让它们融入鸟巢中。

14 在鸟巢中添加一抹黑色

为了让鸟巢内部凹陷效果明显，可以加深它们的颜色。用相同的黑色颜料绘制鸟巢内部，最大限度地加深下边缘。

15 绘制鸟巢的边缘

现在绘制完背景，可以沿着鸟巢边缘在精细的纹理上涂颜料了，使它看着更自然，就像真的鸟巢那样不规则。用之前调好的浅棕色颜料和细节刷。

16 用透明的蓝色颜料绘制鸟蛋

用少量酞菁蓝混合偶氮黄调出较稀的颜料。用中号榛刷绘制鸟蛋，迅速地将颜料涂在鸟蛋顶部，使之提亮。这为鸟蛋顶端创造了高光，提亮了整体的颜色。

17 用蓝色颜料给树叶添加强调色

用相同的透明蓝色颜料给树叶增添生气。用中号榛刷和蓝色颜料绘制树叶的一半。这会加深绿色，也有助于融合鸟蛋和树叶。

18 点缀鸟蛋

鸟蛋风干后，如果需要，可以再用细节刷和象牙黑在上面添加一些小点缀。

19 绘制面板边缘

把面板边缘涂黑，或涂上作品中的某种颜色。橙红色可以从树枝上的强调色中提取，将镉红和镉黄混合调出需要的颜色，并添加少量黑色加深。涂上一层涂层，等它风干，将其打磨，再涂第二层。从不同角度检查作品，确保已经完全上色，有时树叶和树枝的边缘可能会遗漏。还可以用细节刷，将黑色颜料填充到已经涂有彩色颜料的缝隙中。完成作品后，隔夜静置，最后在所有物件上涂一层磨砂媒材，保护成品。时刻注意不要把媒材涂得到处都是。

释放灵魂

这个作品是绘画和拼贴纸的结合，能够得到更为混搭的视觉效果。"飞翔的心"和"角落元素"可以制成贴花，在作品雏形完成后，再粘到表面。通常，贴纸覆盖黏土作品时，最好先完成所有的绘画工作，这样就不会将颜料弄到纸上了。这个作品绘画部分的工作量很少。

材料

- ⊕ 作品 5 的黏土作品成品（第 72 页）
- ⊕ 收尾技巧工具包（第 11 页）
- ⊕ 拼贴纸
- ⊕ 白色的工艺乳胶
- ⊕ 小的塑料容器盖子

1 用石膏粉和媒材涂抹黏土作品

在黏土作品上覆盖两层薄的石膏粉和两层薄的光泽媒材。确保和本书第 76 页中的步骤 10、11 一样，密封贴花作品。保证所有涂层都彻底风干。

2 用媒材绘制面部

制作书上第 77 页的激光打印模板，用两层磨砂媒材涂在脸部，以免沾染污迹、颜料和胶水。在剪出面部之前，让它彻底风干。

3 用黑色颜料覆盖黏土作品

用象牙黑涂整个黏土人物，并留出白色背景。接着涂"飞翔的心"和"角落元素"。

4 去除颜料

用外用酒精把黏土表面的黑色颜料去除。折叠纸巾，确保纸巾表面干净，再浸入酒精去除颜料。同时要去除心形和角落物件上的颜料。

"释放灵魂"的女士
画布上的纸黏土和综合材料
10 英寸 ×8 英寸
（25 厘米 ×20 厘米）

关于此作品中未上色的黏土作品说明，请参看本书第 72 页。

119

5 **将面部粘住**

步骤 2 中的面部风干后，用工艺刀或剪刀将其裁剪出来。用白色的工艺乳胶将面部粘在圣徒像上。把它抚平，这样下面就不会有气泡。用激光打印制作拼贴作品时，也可以将它们打印在封面纸上，这样更容易粘贴。

6 **收集拼贴纸**

给这个作品选的拼贴纸，有手工印刷的棉纸、旧书中的纸、从亚洲市场买来的金箔纸、金色纸、棕色牛皮纸，以及黑色与紫色的薄纸。

7 **制作胶水混合物并撕下拼贴纸**

将白色的工艺乳胶（如埃尔默牌的校用胶水）和水混合（胶和水的比例为 2:1），保存在带有盖子的小塑料容器中。埃尔默牌的校用胶水可溶性强，很容易从作品上冲掉，可以用湿纸巾去除不好用的拼贴纸，胶水干了也没关系。

撕一些小的黑色薄纸条，准备下一步工作。

8 **用纸粘贴头发**

用中号刷子将胶水涂到头发区域，并将黑色的薄纸条贴在上面，直至覆盖头发区域。用刷子将薄纸放到固定位置；皱纹和褶皱可以增加纹理效果。用湿巾纸小心地将面部擦干净，清理胶水。

9 **用纸粘贴颈部和上身**

撕一些小块棕色牛皮纸，覆盖颈部和上身。保证准备的纸块足够小，这样方便移动。

不管什么时候用胶水粘贴纸块，都在艺术作品表面涂抹胶水，粘好后，再给每张纸上漆。用刷子去除多余的胶水。

 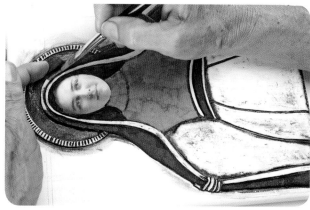

10 藏起纸张

用黏土工具将纸的边缘藏到颈部和上身的缝隙中。

11 用纸粘贴面纱和腰带

为了让拼贴作品有连贯性，最好在多个部位用相同的纸张。在这个作品中，我选了紫色的薄纸粘贴面纱和腰带。确保用黏土工具把纸的边缘都藏到缝隙中。

12 继续粘贴整个人物

在面纱内侧和裙子上添加装饰纸张。暂时留出白边，之后会被上色。确保将所有边缘都藏到裙子和面纱的缝隙中。

先沿着图形边缘小心地粘贴，这样效果会好些，再根据需要，裁剪或撕掉，然后再填补中间区域。

13 用纸粘贴边界

根据绘图说明，用各类纸张将边缘拼贴起来，如黑色的薄纸拼贴边缘，红色的纸拼贴角落。

14 用纸粘贴光晕和背景

用金箔纸粘贴光晕内侧，用书页纸粘贴内部背景。

15 添加纸条

切出几条金箔纸加在拼贴纸上，给背景添上笔直的边框。用工艺刀沿着光晕边缘切割，将纸条和人物结合起来。

16 修剪边缘

完成整个作品的粘贴后，使之彻底风干。这一过程中，基底边缘会变得特别粗糙。用剪刀修剪，并轻轻打磨，直至表面光滑。

17 用媒材涂抹拼贴纸

用磨砂媒材在整个作品上涂两层薄的涂层，可以保护并密封纸张。确保不要将媒材涂到角落里。

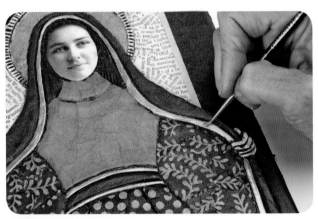

18 绘制装饰物

用金属色颜料和细节刷绘制面纱和腰带的装饰。在颜料潮湿时，小心绘制并用湿纸巾擦去多余部分。媒材的保护层有助于防止颜料沾染纸张。

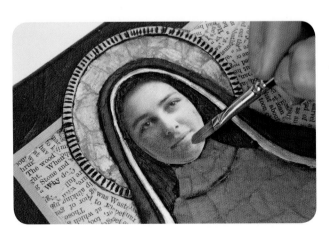

19 绘制面部和双手

将少量偶氮黄和喹吖酮玫红混合调出透明的有色颜料。用细节刷绘制双手。用中号的湿刷子蘸取极少的颜料涂抹脸部，注意避免碰及眼睛；如果脸部颜色很深，小心擦拭直到适度为止。并且可以随时洗掉颜料，趁颜料未干，再试一次。

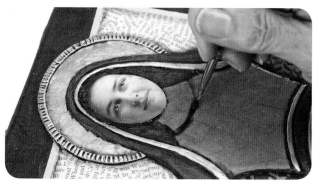

20 强化细节

用黑色颜料涂抹边缘，强化人物的轮廓；用细节刷绘制出最佳效果，并将整个作品衔接起来。用金属颜料沿着光晕绘制边缘，并用浅喹吖酮玫红强化嘴唇和脸颊。

21 绘制基底边缘

将基底边缘涂黑，使外观完整。这可能要涂两层颜料。

22 添加项链的细节

用牙签和钛白沿着颈部周围添加一些小装饰。

23 添加边框的细节

如果有需要，在边框上添加更多细节。这里我用牙签和钛白在黑色边框上加了恒星图案。

24 绘制心脏和角落处的钻石

带翅膀的心形是最主要的关注点，要仔细绘画和修饰。用偶氮黄和喹吖酮玫红调出涂在心形里面的红色，且要符合配色方案，用一抹黑色颜料加以突出。用少量钛白给白色区域润色。绘制角落处的钻石和心形周围的装饰。

25 用胶水粘上装饰

用白色的工艺乳胶将翅膀和角落处的点缀粘贴起来，这样可爱的女士就完成了。一定要把整个背面都涂上胶水，在所有的边缘处用力向下按压，同时用干净的细节刷去除从边缘溢出的胶水。胶水风干后，用磨砂媒材或光泽媒材，给带翅膀的心形和角落处的钻石涂两个涂层，具体要根据自己想要什么效果而定。

想象而已
木质基板上的纸黏土和丙烯酸
14 英寸 ×18 英寸
（36 厘米 ×46 厘米）

创意作品

4

在前面的部分已经学了用纸黏土工作的窍门和技巧以及如何完成黏土作品，现在是时候发挥想象力制作属于你的作品了。在这一部分，你会发现各式各样的作品和想法，帮你燃起创造力。学习更有趣、更多样的综合材料技巧，运用新方法在二维或三维物体上使用纸黏土。再通过发现一些性价比高的框架形象，展示自己的作品。

熟能生巧

整本书从头到尾都没提到我实验和失败的例子。其实，十年来我一直在用黏土工作，其中也经历过很多实验和失败。但无论发生什么，我始终重视并热爱这一过程。

制作艺术作品的真正乐趣在于过程，而不是盯着成品看。如果成品效果好，会激励你继续往下做。但如果是前所未有的失败，也要努力尝试去补救。无论哪种方式，都会学到很多东西，而我认为面对失败时，收获的成长会更多。

玩转黏土

通过简单易懂的作品练习从而提升技能是个有趣的过程。从简单的设计开始，雕刻四种不同的版本。试着变换制作黏土作品的技巧。

以下是我在 5 英寸 ×5 英寸（13 厘米 ×13 厘米）的板子上制作的四个版本的碗和筷子，这个大小正适合练习雕刻和整理技巧。接下来的几页上，你会发现我处理问题时爱用的一些修理和收尾技巧。例如在风干的黏土上添加细节以及用综合材料涂改背景的技巧。练习下面的范例并发展自己的风格，同时还能提高技能。

练习图案
这是饭碗的图案，能帮你尽快开始，和书中其他图案一样，你不一定要完全遵循这个图案。就连我也不一定遵循自己的图案。无论做什么，你都会有自己的创作风格。

版本 1

切出简易的碗形，放在板子上。随意描绘几笔。之后再用两条黏土当筷子。这种自由的风格做起来很快，但不完美。

版本 2

这个版本更倾向于绘画的风格，不像素描那么自由。同样，最后添加筷子，营造气氛。

版本 3

极其简单普通的黏土作品收尾时会有更多选择。这个版本比较单调，没有明暗变化。风干后，打磨表面，使之更光滑。

版本 4

简单变换筷子的摆放位置，可以改变作品的整体结构。这件作品也是打磨过的。

打印出的练习图案

访问 artfulpaperclay.com 下载这些图案和书中其他图案，打印出来练习自己的作品吧！

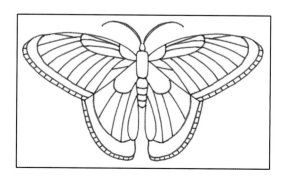

黑色与非纯白色

　　旧书的书页是很好的拼贴材料。它们可以为背景添加纹理，同时又不是彩色的。此外，用透明颜料进行调整，它们可以与任何颜色协调。将可水洗胶水和水混合（60:40），用作拼贴作品的胶水。作品完成并风干后，用丙烯酸媒材密封。

1 这个作品是用石膏粉和丙烯酸媒材密封的，之后添加了黑色颜料，再用酒精去除。我喜欢黑白色的外观，我的作品中就经常呈现出这样的效果。

2 在添加撕下的书页前，将桌面涂黑，这样就不会将颜料弄到纸张上。

3 用金属尺子从书页中撕下纵列的专栏，这样每一条都是完整的，没有凹凸或毛边。接着将所有纸条撕成小片，并将胶水涂在板子上。之后再将纸片都贴在上面并在它的上面再次涂抹胶水，根据需要进行重叠。先围绕着物体拼贴，然后再填充中间部位。

4 拼贴作品风干后，用丙烯酸媒材将所有部分密封。接着在所有区域都添加少量透明的氧化铁黄色，使黏土和背景的色调相协调。同时在阴影可能褪去的区域涂上少量黑色颜料。之后，用工艺刀和砂纸剔除边缘多余的纸屑。

5 这一阶段，可以用透明颜料调色，为作品上任何颜色，如蓝色和深褐色。

和谐的透明色

透明色具有透视性，可以将透明层叠在一起，使作品的外观更柔和。无论底色是什么颜色，都会影响上层颜色，这也是相似色最起作用的时候。它们在色环上相邻且紧密相关，因此融合度很好，混合色也很好看。这个例子中，还添加了简单的纹理背景和彩色薄纸，作为漂亮的底色。

1 这个简易的碗是用石膏粉和丙烯酸媒材涂制成的，又涂上了黑色颜料，之后再用酒精去除颜料。对于透明颜料来说，白色是最好的背景。

2 先用透明的氧化铁黄色为整个图案染色。我打算用透明颜料染色，所以底色可以是任何颜色，同时保证色调和谐。将颜料风干并固化。

3 用一抹酞菁蓝给茶碟染色，同时混合一抹喹吖酮玫红、偶氮黄和少量白色颜料给桌面染色。碗内侧则涂了更多的透明氧化铁黄色，并在碗内右侧添加了一些玫瑰红。

4 底层颜料风干并显示出漂亮的染色时，撕开一些黄橙色薄纸，用胶水将其拼贴在后景上。薄纸的褶皱和叠痕越多，效果就越好。全部风干后，在染色前用丙烯酸媒材将其密封，这样胶水不会遗留在任何颜料表面。

5 为了使后景与前景融合，在背景上添加少量酞菁蓝（茶碟的颜色），风干后，用酒精和纸巾将部分颜料去除，留出隐约的蓝色，同时让背景的拼贴纸显露出来。真是和谐极了！

简单明了

有时完成黏土作品并将其风干后，我意识到应该做更多工作。风干的黏土很容易雕刻或雕琢，进而添加细节。用球针压花工具进行凹凸压印就像浅浮雕，可以用来增添细节，如树叶的叶脉。为了达到最好的效果，在黏土上添加石膏粉或媒材前，雕刻或雕琢风干的黏土就显得非常重要。

同时，薄纸可用于增添精细的纹理背景。但这次在表面涂的颜料不是透明的。我运用了薄涂绘画技术，顶层颜色是用断断续续的笔画染色的，这样可以隐约显出底层颜色。颜料染在褶皱和叠痕顶部，增添了更多纹理。

1 这个简易的黏土设计作品已经风干，但感觉有些平淡。在涂石膏粉和丙烯酸媒材前，用速球牌油毡刀具和 1 号刀片（小的 V 型）在碗中雕刻出斑纹。雕刻最适合没有弧度的简单线条。然后按压滚珠笔工具，雕刻出碗上的花。

2 照例，在黏土作品上涂上石膏粉和媒材，然后将整个作品涂成深蓝色。再用酒精去除碗上和后景上的颜料，留出纯蓝色桌面。

3 将颜料润色后，用小硬刷和酒精涂在桌面上制作出树叶图案。当它还湿润时，用纸巾擦掉多余的颜料。最终形成擦漆的效果，看上去与黏土上擦拭后的颜色一致。用这个方法给颜色过纯的背景添加细节。

茶碟则需要更多细节。已经绘制完黏土表面了，所以不能进行雕刻。拿出蓝色薄纸，用手指蘸取胶水，将薄纸搓成一根绳。然后将它粘在茶碟的位置。完成一件作品后，如果突然发现要给它添加一些东西，这是个不错的办法。

4 在背景上用完粉红色薄纸，在杯子中添加黄色薄纸后，用丙烯酸磨砂媒材将所有部分密封起来。在粉色薄纸上涂上不透明的黄色颜料，在黄色薄纸上涂上不透明的粉色颜料，颜料中不掺有任何水分。作品完成后，筷子最终呈深蓝色。

突出不透明的颜色

在给黑色以及其他的深颜色涂色时，不透明的颜料效果最好。通常涂抹多层颜料彻底覆盖黑色。为了使效果更倾向于民间艺术，可以在表面涂上颜料，让底层颜色隐约显现。黑色会突出顶部颜色，使颜色更深、更明亮。

黏土风干后，用金属活字在纸黏土上添加文字效果最好。如果将文字压印在湿黏土中，会产生不同的效果。字母可能不会那么明快，或者各个字母的边缘会粘连在一起，看着不美观。

1 从非常简单的黏土设计作品入手，让它完全风干。添加纹理并染色后，简单的设计会达到最好的效果。

2 用石膏粉涂抹黏土作品前，使用金属活字并将单词按压进风干的黏土中。最好的方法就是施力均匀，来回摇晃活字。

3 用石膏粉将所有部分密封后，给整个作品涂上两层黑色颜料。然后，在黑色颜料表面涂抹不透明的颜料，注意不要在颜料中加水，同时在颜料中添加少量白色，有助于使它们呈现出突显的效果。之后轻点几笔，可以在绿色的背景中显现出一些黑色。

4 用与上一页相同的方法，用深绿色薄纸给桌面添加纹理。折叠和褶皱出现得越多越好。观察黑色是如何通过使深绿色更深来影响透明薄纸的。

5 胶水风干后，在纸张上涂一层丙烯磨砂媒材将其密封。然后混合不透明的蓝色，轻轻将它涂抹在纸张表面，在颜料中不添加任何水分。彩色薄纸作为底色，颜料涂在褶皱和折叠的顶部，形成了漂亮的、纹理清晰的成品。最后，用浅色覆盖所有颜色，并用极干的颜料提亮整个作品。在杯子内部的黑色区域加上蓝色高光。

纸黏土的灵感画廊

纸黏土有很多用途，这些用途可以写成另一本书进行展示。它通常用于制作娃娃和雕像，在网上也有几百个例子。这里只是介绍一些关于将本书中所学技巧运用于浅浮雕中黏土使用的构思。

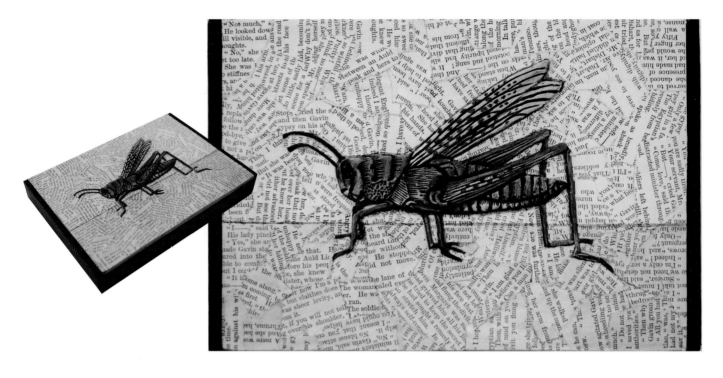

盒子顶部的纸黏土

木质的盒子可作为极佳的基底和不错的礼物。打磨盖子并涂上一层石膏粉，就可以成为黏土作品了。确保要在所有区域涂上几层丙烯酸媒材将其密封。《蚱蜢捕手》这个作品是用雪茄盒制成的，也是我为孙子彼得准备的圣诞礼物。把这个礼物送给他时，我在里面塞了一些钱。钱早就没了，但盒子他仍然留着。

特别的大型贴花

有时，制作一个非正方形非矩形的作品也挺好。这条虹鳟鱼真是一个巨型贴花（参看本书第32页），用大约 1/2 英寸（13 毫米）厚度的黏土制作而成。它是在塑料板上制作的，风干后，切成相同形状的软木粘在板子后面，形成附加的支撑。板子后面还粘有锯齿挂钩，方便悬挂。

灯罩细节

纸黏土灯罩

为旧灯罩带来新的生机。浅色灯罩，由紧密编制的织物而非亚麻布或粗麻布制成的效果最好。用黏土之前，给平面涂上一层薄的、均匀的石膏粉。对于这个设计，切几个细的黏土条，在添加树叶前把黏土条按压在灯罩上，制作出所有的叶柄。然后再添加树叶，一片接一片，边贴边雕刻。风干后，在所有区域涂上另一层薄的石膏粉和最后一层磨砂媒材。白天，纸黏土具有雕塑的外观。而在晚上，灯罩被照亮时，则是背光的。

添加一条情人节留言

给纸黏土添加一条留言。将激光打印出的留言粘在垫板上，涂上丙烯酸媒材并制作出仿古的效果，粘在作品上作为留言。用木材胶将它粘在合适的位置，并用小铜钉钉入两端，使整个作品更完整。

垂悬的心

这颗心的核心是用纸黏土包裹聚苯乙烯泡沫塑料制成的。风干后，在顶部添加更多的黏土并雕刻出玫瑰、横幅、叶柄和树叶。从顶部插入一根长电线，形成挂钩。警告：黏土不能粘在泡沫塑料上，所以一定要先给作品涂上石膏粉。

⬤ 框架形象

即使我们一直在板子和画布边缘涂上颜料以避免框住它们，但毫无疑问，框架
能突显黏土作品的特点。如果作品中有黏土粘到板子或画布边缘，表面就会不均匀，
而且可能无法框在规则的框架中。这里有一些可选择的框架方案。

木板框架 1
用作基底的插接式木板可以翻转，而且可以用作更小的作品框架。
在用丙烯颜料绘制以及用丙烯酸媒材上光前，用细粒砂纸打磨。
用木胶将作品黏附在框内。

木板框架 2
如果作品是在较薄的板子上，可以考虑粘上一块木板或在艺术作
品下垫几个纸板，使之略微抬起，这样作品看着有漂浮在框架中
的感觉，效果炫酷。

平台面板框架
另一个不错的办法是用纸或颜料覆盖一个较大的插接式木板，并
在上面镶嵌一个小插接式木板。在较大的板子背面加两个小木螺
丝钉，或把木胶涂在较小的板子背面，拼合两块木板。

箱形框架

箱型框架非常好用，图像是嵌入盒中的。这些简易框架是从高中手工艺课获得的，然后进行绘制，匹配艺术作品。用木胶将薄木片固定在适合的位置上，将作品稍稍抬起。也可以用雪茄盒制作更小的作品。

资源

画笔（connoisseur 品牌）
connoisseurart.com

画布，艺术面板和擦除工具
（Art Advantage 品牌）
art-advantage.com

颜料和媒材（M. Graham 品牌）
Mgraham.com

风干黏土（创意纸黏土）
paperclay.com

石膏和底漆刷（Pro Art 品牌）
proart.com

用作画图的复写纸（Alvin 品牌）
alvinco.com

工艺刀和刀片（X-Acto 品牌）
x-acto.com

雕刻，建模和压花工具（Kemper 品牌）
kempertools.com

迷你板包装袋（Lara's Craft 品牌）
3 英寸 ×2 英寸（8 厘米 ×5 厘米）未完成的带圆角的木质矩形标志
（以 6 件一组出售）
larascraft.com/hallway.html

木质标签（Recollections 品牌）
$3\frac{1}{2}$ 英寸 ×$1\frac{5}{8}$ 英寸（9 厘米 ×4 厘米）
木质装饰（以 10 件一组出售）
michaels.com

可作为替代品的空气硬化黏土

下面的空气硬化黏土可用作创意纸黏土的替代品，这些都是我经常用的。经过测试，在实践中发现，它们都非常适合在这个过程中使用。

1）石粉石黏土（Padico 品牌）

这种黏土有很好的细粒，而且是纤维的。很像创意纸黏土，其中的纤维能让它在干燥时仍然具有弹性。一包重 1.1 磅（500 克）。

padicoshop.net

2）石粉初级轻质石黏土（Padico 品牌）

这和第一种黏土很像，且约为第一种黏土重量的一半，甚至颗粒更细，它不含纤维，几乎没有弹性。呈亮白色，有些像棉花糖。制造商说它可能会随着时间的推移而变黄。一包重 10.58 盎司（300 克）。

padicoshop.net

3）预混石粉黏土（Padico 品牌）

这种黏土是前两种黏土的混合物。干燥后，更持久耐用。它也是亮白色的，就像第二种黏土那样。它没有太多弹性，也可能随着时间的推移而变黄。一包重 14.11 盎司（400 克）。

padicoshop.net

4）软陶气基层（Staedtler 品牌）

这种黏土比其他黏土更具有黏性，但掺有少量细粒，效果还不错。看上去更像是纤维较少的土壤黏土，而且干燥后几乎没有弹性。

staedtler.com

5）空气泡塑模型（Polyform Products Company）

这种黏土纹理精细，也很好用。它是纤维的，干燥时有良好的弹性。一包重 1.1 磅（500 克）。

Sculpey.com

在线分享你的艺术作品！

访问 artfulpaperclay.com，与洛金恩和她的粉丝们分享你的成品纸黏土作品和艺术作品。或者通过查看其他人用这种新颖的艺术形式做出的成品，获得启发。

声音的礼物
画布上的纸黏土和丙烯酸
14 英寸 ×11 英寸
（36 厘米 ×28 厘米）

关于作者

　　自 1975 年起，洛金恩曾在俄勒冈州尤金市的广告公司、公关公司及设计公司担任过平面设计师、艺术总监和创意总监。在过去的 30 多年里，她也曾是一家名为"PhotoTidings"的明信片公司的合伙人。2006 年，洛金恩从公司退休，成为全职艺术家。她曾在俄勒冈州大学学习油画、绘画、雕塑和珠宝制作，并且这些年她也在各种场合进行教学，包括驻校艺术家项目、学校以及艺术中心，此外她也在自己的工作室提供私人教学。目前，洛金恩在俄勒冈州、华盛顿以及加利福尼亚的多媒体工作室教学；同时，她正在计划去墨西哥走访一些特殊的工作室。访问她的网站：rogenemanas.com。

致辞

　　致我的母亲：布鲁纳·玛丽·玛纳斯。2004 年夏天，她死于阿尔茨海默氏症。在她离世那周，我创作了她儿时的肖像，这是我的第一个纸黏土浅浮雕。它源于我从未有过的一个想法。谢谢您，母亲，是您赋予我创造力、想象力、朴素又不失机敏的性格；也谢谢您将自己母亲告诉过您的教导赠予我："永远不要说不可能。"

　　致我的丈夫：瑞克。他符合艺术家理想丈夫的标准，给予我莫大的支持和鼓励，同时善良博爱，真诚风趣。

　　致我的儿子：格诺，以及我的女儿：阿佳。他们激励我努力工作，成为最好的自己；他们才是我最伟大的艺术作品。

　　同时也致敬所有喜欢我作品的人，你们购买我的艺术作品、加入我的工作室，还给予我鼓励的话语。非常感谢大家。

致谢

　　非常感谢 C2F 的丹·贾斯特斯。他是一位美术品批发商，销售工艺品、视觉艺术品和绘图用品，他为这本书提供了大部分的拍摄材料。同时要感谢格雷厄姆公司，为本书提供并拍摄了所有的颜料和媒材。

图书在版编目（CIP）数据

黏土艺术工作坊 /（美）洛金恩·玛纳斯著；王翠萍等译.
-- 上海：上海人民美术出版社，2020.1
（ART创意训练营）
书名原文：Artful Paper Clay
ISBN 978-7-5586-1454-5

Ⅰ.①黏… Ⅱ.①洛… ②王… Ⅲ.①粘土 - 手工艺品 - 制作
Ⅳ.①TS973.5
中国版本图书馆CIP数据核字（2019）第221547号

ART创意训练营

黏土艺术工作坊

著　者：	[美]洛金恩·玛纳斯
译　者：	王翠萍 葛秀丽 曲纪慧 史耀宇
统　筹：	姚宏翔
责任编辑：	丁　雯
流程编辑：	马永乐
封面设计：	凌楚冰
版式设计：	朱庆荧
技术编辑：	史　湧

出版发行：上海人民美術出版社
（上海长乐路672弄33号 邮编：200040）

印　刷：	上海丽佳制版印刷有限公司
开　本：	889×1194 1/16 印张9
版　次：	2020年1月第1版
印　次：	2020年1月第1次
书　号：	ISBN 978-7-5586-1454-5
定　价：	75.00元

ART
创意训练营

扫二维码查看
ART创意训练营系列更多图书

《创意纸拼贴画》

扫码购买

《创意花绘：
综合材料的花卉艺术实验》

扫码购买

《超简单丙烯画》

扫码购买

《跟着我创意绘画：从城市到大自然，
学会观察生活的综合材料艺术实验》

《金箔艺术工作坊》

扫码购买

《创意涂鸦101：脑洞大开的日常
绘画小练习》

扫码购买

《像凡·高那样创意绘画》

扫码购买

《马克笔创意手绘》

扫码购买

《创意黑白画：
手绘、拼贴、剪纸、雕刻的创意绘画练习》

扫码加入
ART创意美术训练营微信群

更多图书资讯，
敬请关注微博@上海人民美术出版社第一工作室